DISSERTATION

SUR DE

NOUVEAUX DOCUMENTS

TROUVÉS DANS LES ARCHIVES DU DÉPARTEMENT DU NORD,

CONCERNANT

L'ÉGLISE DE BROU,

DEPUIS 1505 JUSQU'EN 1527.

Par M. J.-C. DUFAY,

Secrétaire de l'Intendance militaire, — membre correspondant de la Société royale d'Emulation de l'Ain, de la Société royale des Sciences et Arts de Lille, et de la Commission archéologique de Dijon.

BOURG-EN-BRESSE,

IMPRIMERIE DE MILLIET-BOTTIER.

—

1847.

Les documents inédits placés à la fin de cette dissertation ont été imprimés par les soins de la Société royale d'Emulation de l'Ain.

DISSERTATION.

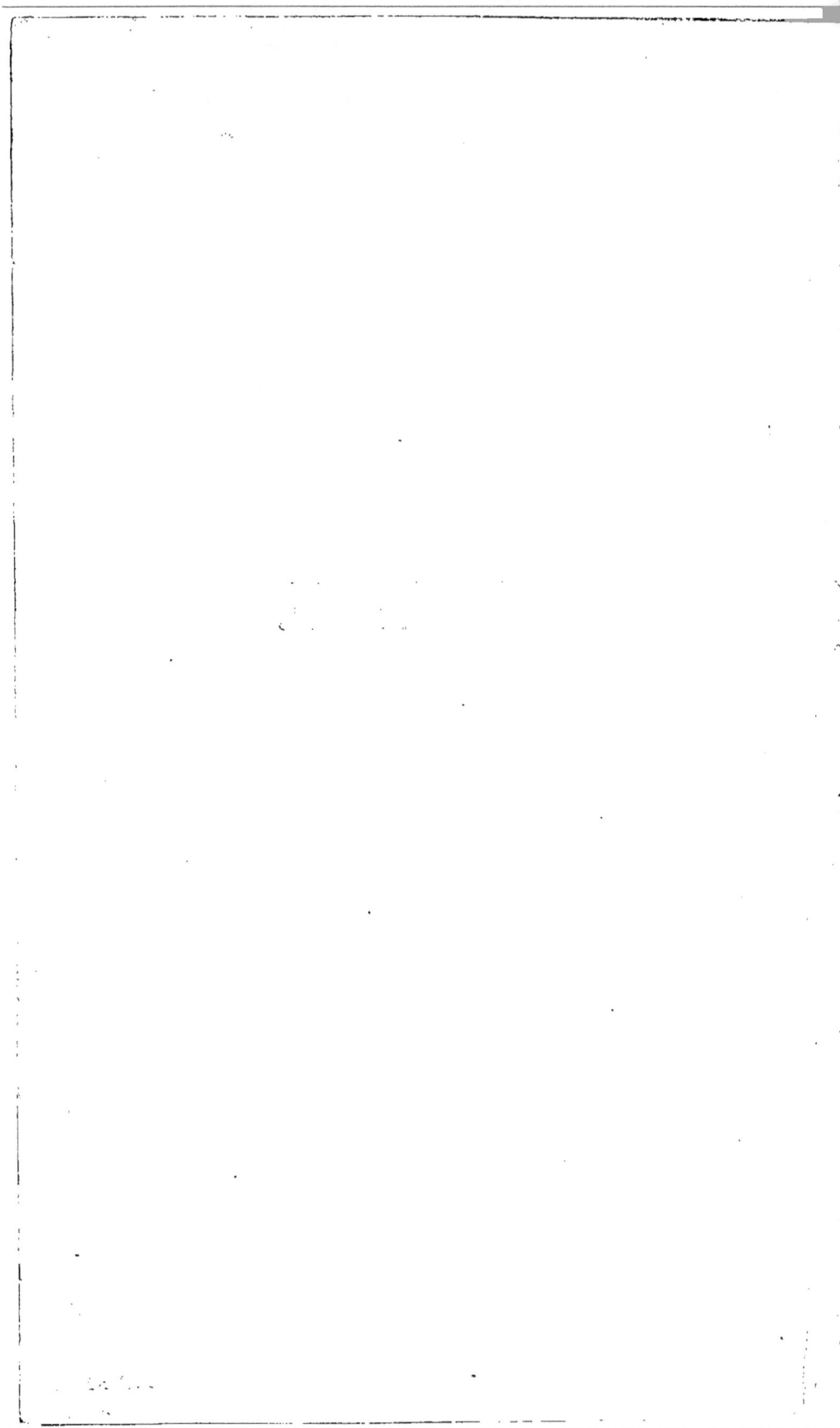

DISSERTATION

SUR DE

NOUVEAUX DOCUMENTS

TROUVÉS DANS LES ARCHIVES DU DÉPARTEMENT DU NORD,

CONCERNANT

L'ÉGLISE DE BROU,

DEPUIS 1505 JUSQU'EN 1527.

Par M. J.-C. DUFAY,

Secrétaire de l'Intendance militaire , — membre correspondant de la Société
royale d'Emulation de l'Ain , de la Société royale des Sciences et Arts
de Lille , et de la Commission archéologique de Dijon.

BOURG-EN-BRESSE ,
IMPRIMERIE DE MILLIET-BOTTIER.

—

1847.

A Messieurs

LES MEMBRES DE LA COMMISSION DES ANTIQUITÉS

Du Département de la Côte-d'Or.

MESSIEURS,

Le titre de membre correspondant de votre Société, dont naguères vous m'avez honoré, en me rendant confident de vos travaux et témoin de vos efforts pour accomplir dignement votre importante mission, me fait un devoir de vous soumettre aujourd'hui, comme un faible tribut de ma gratitude, le nouvel essai que je viens d'entreprendre pour jeter quelque lumière sur la fondation de l'église de Brou, et sur les souvenirs qui s'y rattachent.

Je dois regretter sans doute, Messieurs, que ce splendide édifice, qui n'appartient point au département de la Côte-d'Or, ne puisse vous offrir qu'un intérêt de localité tout-à-fait secondaire ; cependant, je sais, qu'en fait d'arts et de sciences, il existe une parfaite solidarité entre les sociétés départementales, et alors je me sens plus à l'aise auprès de vous, et tout disposé à vous entretenir des découvertes récentes que j'ai faites dans les archives du département du Nord, découvertes qui intéressent plus particulièrement la Bresse, sans cesser d'être utiles à ceux qui s'occupent d'archéologie dans les autres provinces.

D'ailleurs, Messieurs, la Bresse n'a-t-elle pas été réunie à la Bourgogne pendant les deux derniers siècles ? Les mêmes lois, les mêmes ordonnances n'ont-elles pas régi long-temps l'administration de ces deux pays ? En visitant le précieux trésor dont vous êtes dépositaires, en parcourant le vaste local de vos archives, on reste convaincu de l'intérêt que vous conservez encore à cette partie de votre ancien territoire, et je suis maintenant rassuré à cet égard.

L'église de Brou n'a pas le seul mérite d'avoir bravé, avec succès, l'action du temps et la fureur des hommes, c'est aussi un objet d'art de la plus haute importance qui signale la fin de l'architecture ogivale, et l'aurore de la renaissance. C'est donc un monument national qui marque une époque de transition, et présente un vaste champ d'études aux amateurs des arts, ainsi qu'aux amis de la science historique.

Comme édifice religieux, je pourrais dire, Messieurs, qu'il a le droit d'exciter votre curiosité, puisque de tous les monuments, «c'est le seul dans lequel, suivant les « expressions de Mme de Staël, toutes les classes de la « nation se réunissent ; c'est le seul qui rappelle les

« événements publics, les pensées secrètes, les affec-
« tions intimes que les chefs et les citoyens ont apportés
« dans son enceinte. »

Mais lorsqu'une église, comme celle de Brou, est
fondée par une princesse, qui réunissait aux plus belles
qualités de l'âme celles de l'esprit et du cœur; lorsqu'elle
offre, par son ornementation intérieure, les preuves
irrécusables de la piété filiale la plus sincère, les té-
moignages de l'amour conjugal le plus pur, lorsqu'enfin
elle est comme l'expression vivante de la pensée géné-
reuse d'un siècle qui n'est plus et déjà loin du nôtre,
alors, Messieurs, un pareil sanctuaire, orné de ses
tombeaux gothiques, entouré du prestige de la gran-
deur souveraine, de la majesté sainte, ne peut que
mériter votre respect comme hommes, votre sympathie
comme savants, votre intérêt comme antiquaires.

Mon intention n'est pas de vous retracer ici l'historique de l'église de Brou, dont la fondation, comme
vous le savez, est due à Marguerite d'Autriche, fille
de Maximilien Ier, empereur d'Allemagne, je craindrais
de rester trop au-dessous de la description qu'en a faite
dernièrement l'un de nos collègues, archiviste du département de l'Ain, lequel s'est montré aussi habile
historien qu'archéologue distingué; néanmoins, je vous
rappellerai, Messieurs, que cette magnanime princesse
fit bâtir le couvent et l'église de Brou pour accomplir
un vœu formé par Marguerite de Bourbon, sa belle-
mère, et pour perpétuer la mémoire de son époux
Philibert-le-Beau, duc de Savoie.

Le but que je me suis proposé est d'éclairer seulement, s'il est possible, quelques points d'histoire restés

douteux, relatifs à la monographie du chef-d'œuvre de Brou. Ma communication a donc pour objet de rapprocher les nouveaux documents trouvés dans les archives de la Flandres des écrits qui ont déjà paru sur le même sujet ; d'en tirer des inductions certaines sur la date précise de la fondation de l'église de Brou, sur la durée de sa construction, sur le véritable architecte et les premiers artistes qui doivent revendiquer avec orgueil le mérite de la conception des plans, enfin, sur l'administration du domaine de Bresse par Marguerite d'Autriche, cette habile souveraine des Etats de Flandres, dont le souvenir se rattache encore à vous, Messieurs, comme comtesse de Bourgogne.

Je croirais avoir réussi si, à défaut de talents pour captiver votre attention, les détails que j'ai l'honneur de vous soumettre vous paraissaient assez utiles pour vous détourner quelques instants des travaux bien autrement importants qui vous occupent.

Dijon, le 15 février 1847.

DUFAŸ.

DISSERTATION

SUR DE NOUVEAUX DOCUMENTS

TROUVÉS DANS LES ARCHIVES DU DÉPARTEMENT DU NORD,

CONCERNANT L'ÉGLISE DE BROU,

DEPUIS 1505, JUSQU'EN 1527.

———⊗———

> La vérité ne fait pas autant de bien
> dans le monde que ses apparences
> y font de mal.
>
> DE LA ROCHEFOUCAULT.

———

I.

DU COUVENT ET DE L'ÉGLISE DE BROU.

La question de savoir quel a été le véritable architecte du monument de Brou n'est pas encore résolue.

Deux opinions sont en présence : l'une qui accorde à Jean Perréal, ou Jean de Paris, peintre du roi Louis XII, l'honneur de la conception des plans de cet édifice; et l'autre, qui désigne exclusivement le *maistre masson* Van-Boghem comme l'auteur de ces plans (1).

(1) M. Baux, archiviste du département de l'Ain. (*Recherches historiques et archéologiques sur l'église de Brou*, p. 205, 1 vol. in-8°; Bourg, 1844.)

1

Dans notre Notice sur Brou, publiée en 1844, nous avions basé notre sentiment, à cet égard, sur le texte d'un acte notarié du 3 décembre 1511, publié dans les *Annalectes* de M. le docteur Leglay, archiviste-général du département du Nord (1), acte dans lequel on lit : « Que Michiel Coulombe, habitant de Tours « et tailleur d'imaiges, reconnait avoir reçu 94 florins d'or de « Jean Lemaire, indiciaire et solliciteur des édifices de Mar- « guerite, duchesse de Bourgogne, tant pour lui que pour « ses trois neveux, pour avoir fait en petit la sépulture de feu « le duc Philibert de Savoye, mari de la dite dame, *selon le* « *pourtraict et très belle ordonnance faicte de la main de Jehan* « *Perréal, peintre et valet de chambre ordinaire du roi.* »

Par le même acte, Michiel Coulomb « s'engage à entreprendre « ensemble, l'élévation de la plate-forme de l'esglise, mesme- « ment touchant la sépulture des deux princesses dont nous « avons, dit-il, *les pourtraicts et tableaux faictz de la main de* « *Jehan de Paris;* icelle plate-forme faite et très bien ordonnée « sur le lieu, mesurée *de la main de maistre Jehan de Paris,* « avec l'advis, en présence de maistre Henriet et maistre Jehan « de Lorraine, tous deux très grants ouvriers en l'art de « massonnerie. »

On a répondu que l'opération dont il s'agit se rapportait à l'année 1509; que depuis 1505, les plans et devis de l'église étaient faits, et que les travaux étaient donnés en tâche à des entrepreneurs auxquels on avait remis un double de ces plans.

On a ajouté, comme une seconde preuve, un passage du testament de la princesse, à la date du 20 février 1508, portant qu'elle avait prescrit l'achèvement de l'église et des sépultures, *selon les patrons ou plans qu'elle en avait fait prendre;* qu'ainsi, l'opération faite à Brou en 1509, par Jean de Paris, assisté des maîtres Henriet et Jean de Lorraine, ne pouvait être la

(1) Cet acte a été reproduit dans une *Dissertation* de M. Puvis, président de la Société d'Emulation de l'Ain, insérée à la suite de l'*Histoire de Brou* par le P. Rousselet, p. 166, 1 vol. in-12; Bourg, 1840.

composition du plan de l'église, puisque les travaux étaient en voie d'exécution depuis quatre ans.

Nous pourrions contester la date de l'opération de l'architecte Jean de Paris, reportée, sans preuve, à l'année 1509; mais cela importe peu : nous ne prétendons pas que les *copies des plans de l'église* aient été établies plutôt en 1509 qu'en 1511; seulement, nous maintenons que les *plans originaux dont on s'est servi* en 1511, étaient de Jean de Paris, parce qu'il avait présidé à la reconstruction du couvent dès l'année 1505, et que ces plans existaient indubitablement, puisque le prix-fait des ouvrages, déposé dans les archives du département de l'Ain, en fait mention en ces termes :

« Sont tenuz les massons de fayre la toyse du mur de six « piedz en carreur, toysant le vuide comme le plein, jouxte *le* « *contenu du pourtraict,* pour le prix d'une chacune toyse, « IIII[l] xv[s]. »

Nous avons constaté, d'après la déclaration même de Michiel Coulombe, qu'il existait des plans en 1511 dont Jean de Paris remettait des copies, faites de sa main, aux entrepreneurs, et nous persistons à penser que puisque son nom figure dans les actes du temps, puisqu'il était chargé de l'exécution des travaux, évidemment c'est qu'il était l'architecte de Brou, au moins jusqu'en l'année 1512, époque à laquelle commencent seulement les travaux de l'église. Ainsi, les plans du couvent auxquels Van-Boghem était étranger, ont été exécutés par Jean de Paris, suivant l'ordre de Marguerite d'Autriche, pendant son séjour à Bourg en 1505, et cette princesse entend parler de ces mêmes plans lorsqu'elle écrit, dans son testament, qu'elle « veut et ordonne iceulx couvent, esglise et sépultures « estre parfaictes, selon les dictz patrons qu'elle en a fait « prendre. »

Nous avons dit que l'église de Brou n'était pas commencée avant 1512. Ceci résulte d'une lettre inédite de maistre Loys Barangier, secrétaire de Marguerite, écrite de Dôle, à la date du mois de novembre 1512. (N° VIII, p. 5.)

« Madame, suyvant ce qu'il vous a pleu m'escripre, ay faict
« toute adresse à maistre Loys (1), maistre masson, *lequel a*
« *bien et au long veu vostre ediffice de Brou*, et l'a treuvé *très*
« *beau* et *bien ordonné*, et y ont honneur les massons, comme
« il m'a dict. Il a aussi veu *la place* pour faire *l'esglise*, et
« treuve qu'il *n'est besoing de pillots*, qu'est grant adventaige. »

Ce passage de la lettre de maître Baraugier détruit complètement l'assertion publiée que, « dans les premiers mois de
« 1506, les fondations de l'église étaient creusées, et que l'on
« avait commencé les travaux de maçonnerie (2). » En 1512,
l'emplacement de l'église est à peine tracé. La sonde seule fait
connaître qu'il n'y a pas besoin de pilotis pour fonder le
monument; ce qui doit produire une grande économie de temps
et d'argent. Le terrain a été si peu remué, que maistre Loys,
qui vient visiter les lieux pour la première fois, propose de
reculer *l'église* de quinze à vingt pieds du mur du couvent,
ainsi qu'il résulte de cet autre passage de la même lettre du
mois de novembre 1512 :

« Il la reculera bien (l'église) de quinze ou vingt piedz loing
« du dict ediffice, afin de n'empesché point la vehue du dor-
« toire, etc. »

En second lieu, nous concluons de cette lettre, que si Van-
Boghem eût été le premier architecte de Brou, le seul, le
véritable auteur des plans de l'édifice, il ne lui eût pas été *fait
adresse* pour venir en reconnaître *la place*; il n'eût pas dit
présomptueusement *du couvent*, qu'il le trouvait *très-beau* et *bien
ordonné*. Enfin, s'il avait exécuté les plans ou patrons en 1505,
il nous semble qu'il n'eût pas attendu à l'année 1512, sept ans
après, pour s'apercevoir qu'il ne faudra pas de pilotis pour
fonder l'église; et qu'en outre, il faudra démasquer le dortoir
des religieux en reculant cette église de quinze à vingt pieds.....

(1) Loys Van-Boghem est ainsi désigné sous le seul prénom de Loys dans
tous les documents du temps.

(2) *Recherches historiques et archéologiques sur l'église de Brou*, p. 194.

Nous voyons là, au contraire, une réforme, une révision des plans existants dont il n'est pas l'auteur; une juste expression de son admiration pour l'exécution d'un ouvrage qu'il n'a pas ordonné, c'est-à-dire la construction du couvent de Brou qui a précédé de cinq à six ans celle de l'église.

En effet, sous le nom d'*esdiffice de Brou*, si souvent répété dans les documents de l'époque, il faut comprendre séparément, sous une même dénomination, le bâtiment des religieux ou couvent, qui fut d'abord construit, et ensuite l'église qui n'était elle-même qu'une dépendance du monastère.

Lorsqu'en 1505, à la requête de Marguerite d'Autriche, le pape Jules II autorisa cette princesse à fonder, sur l'emplacement du prieuré de Brou, son église qu'elle dédia à saint Nicolas de Tolentin, elle acheta, pour deux mille florins, les anciens bâtiments existants et les terres environnantes. Son premier soin fut d'ordonner la reconstruction immédiate des bâtiments destinés à loger les douze religieux de l'ordre des Augustins, venus de Lombardie sous son patronage. A peine arrivée de Flandres à Bourg, en mars 1505, elle fit dresser elle-même les plans sous ses yeux. Elle arrêta les marchés ou *prix faicts* avec les chefs ouvriers (1). Elle désigna Etienne Chevillard, secrétaire ducal et bourgeois de Bourg, pour surveiller et payer les ouvrages, et le 5e jour des calendes de septembre 1506 (27 août), elle posa enfin la première pierre de l'édifice.

A qui a-t-elle confié la confection des plans?

A la vérité, elle ne nomme ni Jean de Paris ni Van-Boghem, et cependant la construction du couvent de Saint-Nicolas de Tolentin est, sinon achevée en 1512, au moins sur le point de l'être.

La princesse avait-elle amené, antérieurement à cette date, un architecte de Flandres? Quels étaient les ouvriers qu'elle

(1) Il existe au dépôt des archives du département du Nord une minute en papier, à la date du 7 avril 1506, constatant les conventions passées entre Marguerite et les maîtres maçons Amé de Rogemont et Benoît Ballichon. C'est sans doute le double de l'acte trouvé à Bourg.

employait? L'architecte, les maîtres maçons, leur surveillant, tous sont connus; ils étaient de la Bresse et du Lyonnais. Cela est prouvé par les registres municipaux de la ville de Bourg (année 1506). Eh bien! Jean de Paris habitait Lyon : il était l'un des maîtres peintres les plus recommandables par ses talents; il était architecte, comme l'était Michel-Ange, à une époque où l'art de la peinture et celui de l'architecture se confondaient dans une même science pour quelques artistes privilégiés de la nature; il avait été présenté à Marguerite d'Autriche par Lemaire, son historiographe, qui était aussi *indiciaire et solliciteur,* ou intendant-général des édifices de cette princesse. Nous savons même que Jean de Paris avait exécuté plusieurs travaux de peinture pour elle, notamment les portraits de Marguerite de Bourbon et de Philibert-le-Beau. Est-il surprenant que Madame se soit adressée à son peintre, à un habile artiste qui avait sa confiance, pour la confection des plans de l'édifice et des sépultures de Brou?

Les maîtres maçons furent choisis parmi les meilleurs ouvriers de la ville de Bourg : Amédée Tegniost, Claude Charden, Benoît Ballichon, Pierre Castin, sont connus nominativement. Le surveillant, Etienne Chevillard, était bourgeois de Bourg.

La proximité de Lyon, résidence ordinaire de Jean de Paris, explique comment, se trouvant presque sur les lieux (60 kilomètres), la princesse n'avait pas encore senti la nécessité de faire venir un autre architecte à Bourg, pour ordonner les travaux de *l'esdiffice.* Ce ne fut que lorsque Jean de Paris, devenu valet de chambre ordinaire du roi de France, dut suivre ce prince dans sa capitale et dans ses voyages, qu'elle désigna Van-Boghem pour conduire l'œuvre à sa fin.

Avant de quitter la Bresse, Jean de Paris reçoit l'ordre de dresser des copies de ses plans et de passer des marchés pour la confection des tombeaux de l'église de Brou, dont il a aussi fait les dessins.

Maître Henriet et maître Jean de Lorraine mesurent, de concert avec l'architecte, *la plate-forme de l'esglise,* c'est-à-dire *le plan sur le terrain,* et bientôt ces pourtraicts, patrons ou dessins sont adressés à Jean Lemaire qui, lui-même, avait quitté, vers ce temps, le service de la princesse Marguerite, pour s'attacher à celui de Louis XII (1). (N° XXV, p. 17.)

Lemaire les remet en 1511 à Michiel Coulombe, le *célèbre tailleur d'imaiges,* citoyen de Tours, auteur de la sépulture de François II, duc de Bretagne, placée dans l'église des Carmes, à Nantes.

Et que l'on ne croie pas qu'il ne s'agit ici seulement que des tombeaux du prince Philibert et des deux princesses? Michiel Coulombe s'engage, par le même acte notarié du 3 décembre 1511, à entreprendre les ouvrages de maçonnerie pour lesquels il a retenu le double *de la plate-forme de la dicte esglise,* travaux qu'il confiera à Bastyen François son neveu, lequel *portera la montée de l'élévation du portal et des arcs boutans par dehors.*

Il s'agit donc du plan général de l'église et des tombeaux qu'elle doit renfermer.....

En 1511, Jean de Paris et Jean Lemaire, bien qu'éloignés de la princesse, n'en conservaient donc pas moins encore sa confiance pour faire choix des entrepreneurs dignes d'une si belle œuvre!.....

Nous pouvons avancer avec certitude que si Van-Boghem se présente sur les travaux en 1512, c'est par suite d'un événement fortuit, c'est-à-dire la mort de Michiel Coulombe et celle de son neveu François, toutes deux survenues presque en même temps, circonstance dont nous justifierons tout à l'heure.

Nous ne voulons pas amoindrir en rien le mérite de maître Loys Van-Boghem qui a dirigé, en chef suprême, tous les travaux de Brou depuis l'année 1512, mais il faut bien reconnaître qu'avant lui, et depuis 1505, il existait des plans qu'on suivait et auxquels il n'avait pas mis la main.

(1) On lit dans une Notice, insérée dans le *Recueil de l'Académie des inscriptions,* tome XIII, que Jean Perréal contribua à faire placer Jean Lemaire, son ami, à la cour de France, lequel devint bientôt l'historiographe de la princesse Anne de Bretagne.

Et si, par le nouveau document que nous publions aujour-d'hui, on est forcé d'avouer que Van-Boghem venait pour la première fois en Bresse en 1512, à qui pourrait-on accorder l'honneur du tracé de l'édifice, si ce n'est à Jean de Paris, l'artiste, le peintre qui s'occupe avec un soin si minutieux, un zèle si soutenu, des intérêts de cette construction et des mausolées qui doivent l'orner, qu'après le décès de François Coulombe, en mai 1512, il se charge d'enluminer lui-même les patrons en terre cuite que ce parent de Michiel n'a pu achever. « Madame, écrit Lemaire dans une lettre datée de « Blois (1512), publiée par M. l'archiviste Leglay, vostre dict « premier secrétaire m'escript, par la première poste, avez « ordonné d'envoyer de l'argent à maistre Jehan de Paris, « vostre peinctre, auquel j'ai baillé tout ce que j'ai pu recou-« vrer des patrons faictz de la main du bonhomme maistre « Michiel Coulombe. Et le dict maistre Jehan de Paris a estoffé « les dicts patrons de couleurs, qui est un grand chief d'œuvre, « à cause que François Coulombe, nepveu du bonhomme, est « allé à Dieu. »

Evidemment, si Jean de Paris achève de colorer les patrons, c'est qu'il est l'auteur des dessins qu'il tient à voir bien exécuter. Ce zèle est celui de l'artiste qui crée, et non celui du copiste.

D'ailleurs, nous tirons d'autres preuves de la même correspondance. Lemaire engage « Marguerite à faire quérir les dictz « patrons par quelqu'un de bien entendu, pour rapporter ce « qui est de mestier, touchant *l'œuvre* et *les marchiez*, tant de « bouche comme par escript, et *même les intentions des deux « principaulx maistres Michiel Coulombe et Jehan de Paris.* »

Puisque les deux maistres ont confié leurs intentions touchant l'œuvre, il est certain qu'ils ont adopté entre eux des plans dont ils sont les auteurs; et comme ils n'ont pu les faire exécuter, Lemaire devient leur interprète auprès de la princesse et des hommes de l'art qu'elle désignera.

Et puis, cet autre passage d'une lettre de Lemaire à Loys

Barangier, secrétaire de Madame, lettre datée de Blois, du 28 mars 1511 : « A la mesme heure que j'ay reçeu vos lestres, je « délibérays luy escripre (à Marguerite) des *marchiez convenuz* « entre maistre Jehan de Paris et Michiel Coulombe, entre « lesquelz j'ay été moyenneur et solliciteur, etc. »

Si Jean de Paris avait le pouvoir de passer des *marchiez* avec des maîtres ouvriers, des entrepreneurs, il fallait bien qu'il y eût un intérêt. Cet intérêt, c'était celui de voir réussir ses plans..... c'était de les voir exécuter par des ouvriers habiles....., Et s'il n'avait pas eu la qualité d'architecte, le droit de passer des marchés eût été revendiqué par le véritable directeur des travaux. Celui-ci, au moins par rivalité de talent, n'eût pas souffert que les marchés fussent passés à son exclusion et hors de sa présence. La princesse d'ailleurs ne l'eût pas voulu.....

Toutes ces inductions nous confirment dans la certitude que Jean de Paris est bien le véritable et le premier architecte de Brou, tant du couvent que de l'église et des mausolées ; mais qu'à partir de la fin de l'année 1512, époque à laquelle le monastère de Brou était seul construit, Van-Boghem est demeuré chargé de modifier les plans de l'église à bâtir ; d'en diriger, désormais, tous les travaux ; enfin, de devenir *le second maistre de l'œuvre,* le continuateur, le nouvel architecte de l'édifice.

Van-Boghem a bien pu passer *pour le seul architecte de Brou* aux yeux de ses contemporains, puisque, pendant vingt ans il en a dirigé constamment les travaux. Son nom a dû se rattacher, depuis 1512, à tous les actes, à toutes les ordonnances du temps. Les poëtes ont bien pu le chanter dans leurs vers (1), lui vouer leur admiration, lui accorder les titres pompeux et mérités d'homme de génie, de savant, de mathématicien, d'architecte incomparable ; néanmoins, ils ne détruisent pas la qualité qu'il possédait réellement et que mentionne, d'une

(1)   *Antonius de saxo præceptor*
        Antonianus Burgi (1530).

manière précise, le marché passé le 14 avril 1526 par Madame avec maistre Conrard Meyt, dans lequel Van-Boghem est désigné comme *maistre masson commis par ma dicte dame à la conduicte de l'esdiffice de Brouz.*

Qu'y a-t-il de surprenant que Jean de Paris, à l'exemple de tant d'autres artistes distingués, ait été dépouillé du mérite d'avoir été le premier architecte de Brou, d'avoir conçu ces plans qui traduisaient si bien la pensée d'une pieuse et magnanime princesse ?

Rarement les inventeurs ont profité de l'honneur de leurs découvertes dans les sciences et dans les arts. Presque toujours le génie a redouté le jugement de la postérité, sous ce rapport, et Jean de Paris a bien pu n'avoir pas échappé à cette injuste loi du temps.

Il nous semble que si Van-Boghem fût venu en Bresse antérieurement à l'année 1512, ce qui était indispensable pour le tracé des plans dont il eût été l'auteur, son nom se trouverait infailliblement consigné dans les lettres, mémoires ou quittances de l'époque. Tous les documents consultés jusqu'à ce jour se taisent à cet égard. Nous ajouterons que s'il eût été connu en Bresse en 1506, le ministère d'Etienne Chevillard, que nous avons déjà cité comme employé à la conduite de l'édifice, et des ouvrages en cours d'exécution dans le monastère de Brou (1), n'eût pas été nécessaire ; tandis qu'au contraire la présence de ce préposé, sur les travaux, devait être indispensable, puisque Jehan de Paris, habitant la ville de Lyon, se bornait à des visites périodiques pour donner ses ordres.

Nous pensons aussi que deux hommes, plus compétents en architecture que le secrétaire ducal Chevillard, étaient chargés spécialement de la direction des travaux. Ces deux *maistres en l'art de massonnerie*, devaient être Colomban et Philippe de Chartres, auxquels Jean de Paris avait confié ses plans. Nous

(1) *Magister et præfectus ædificii de Brou et operarum quæ sunt in monasterio prædicto.*

sommes en cela à peu près d'accord avec le P. Rousselet, auteur
de l'*Histoire de Brou*, qui, après avoir rapporté « que les fon-
« dations de l'église n'ont été jetées, par la princesse, qu'au
« mois d'*avril* 1511, ajoute ces mots : *Loys Vamboglem*, Alle-
« mand de naissance, fut le principal architecte de l'édifice,
« du moins nos manuscrits les plus anciens le nomment ainsi ;
« cependant, s'il faut en croire une tradition appuyée sur
« quelques mémoires qui m'ont paru assez exacts, c'est André
« Colomban, né à Dijon, *et non pas Louis Vamboglem que l'on*
« *doit reconnaître pour le premier architecte*. Ce qu'il y a de
« certain, c'est qu'il fut au moins le chef des ouvriers, puis-
« qu'on le trouve à leur tête dans tous les originaux qui les
« concernent. »

Quelque peu concluant que soit ce texte de l'*Histoire de Brou*,
qui ne précise aucune date des manuscrits les plus anciens qu'il
a consultés, et que par cette raison nous soupçonnons ne re-
monter qu'au temps de la construction de l'église dont il parle,
l'époque qu'il assigne, de 1511, est bien à peu près la même que
celle que nous rapportons nous-même en 1512; mais le P.
Rousselet invoque, pour Colomban, la qualité de *premier
architecte*, tandis que nous ne pouvons le reconnaître que
comme architecte *secondaire*. Du reste, dans le doute, le
P. Rousselet admet Colomban comme chef des ouvriers, ce qui
nous paraît plus probable.

Cette circonspection de l'auteur de l'*Histoire de Brou* n'a pas
été imitée par M. Amanton, littérateur du département de la
Côte-d'Or, lequel a publié en 1840, une Notice intéressante sur
André Colomban, après avoir puisé aux mêmes sources, c'est-
à-dire dans les archives du couvent de Brou.

M. Amanton n'a pas reculé devant le doute exprimé par son
devancier, peut-être dans le but louable de faire hériter la ville
de Dijon de l'un des plus beaux fleurons de la couronne d'un
artiste distingué, puisque André Colomban est né dans cette
cité; mais la sévérité de l'histoire est inflexible.

Nous pensons que le R. P. Rousselet était à même de se

prononcer positivement dans une question aussi importante, s'il avait pu coordonner le contenu des documents qu'il avait sous la main, avec le manuscrit intitulé : *Origine de Brou*, compulsé plus tard par M. Amanton.

Il peut se faire que l'architecte dijonnais ait concouru avec Philippe de Chartres et Jean de Paris à la confection des premiers plans de l'édifice; mais ils ne sont certainement pas restés son œuvre particulière, puisque aucun titre n'en fait mention.

Sur la foi du manuscrit de l'*Origine de Brou*, trouvé dans les archives du monastère, M. Amanton a écrit « que l'ouverture « des fondations fut commencée aussitôt (en 1506), et si habi- « lement terminée, qu'à la fin de l'année elles étaient prêtes à « recevoir la première pierre de l'édifice : cette opération « d'apparat n'essuya pas le moindre retard, car elle eut lieu, « dès le 2 janvier 1507, par les mains de Marguerite d'Au- « triche, etc. »

Et plus loin, l'auteur ajoute : « Dix-sept mois après, en mai « 1508, les fondations étaient à fleur de terre, etc. (1) »

Eh bien, nous sommes fixés sur la date précise de cette cérémonie qui eut lieu le 27 août 1506 *(anno sexto et quingentesimo supra millesimum quinto kalendas septembris* (2); et nous publions aujourd'hui la preuve que les fondations de l'église de Brou, loin d'être aussi avancées en l'année 1508, n'étaient pas même commencées en 1512.

Nous avouons, d'ailleurs, notre incrédulité à l'endroit de la disparition subite d'André Colomban, lorsque, selon le récit qui en a été fait, sa présence était si nécessaire sur les travaux, et que l'édifice promettait déjà d'être une merveille.

Nous ne comprenons pas mieux, 1° son remplacement par Philippe de Chartres en 1518, lorsque nous apprenons par

(1) Page 11 de la *Notice sur André Colomban ;* in-8°. Bourg, 1840.
(2) *Recherches historiques et archéologiques sur Brou ;* in-8°. Bourg, 1844.

maître Barangier, secrétaire de la princesse, qu'en 1512, Van-Boghem prend en chef la direction de l'œuvre ; 2° son retour insolite au milieu des ouvriers, en 1519, alors qu'il est établi, par les documents publiés jusqu'à cette époque, que l'architecte Van - Boghem a conduit les travaux de l'église jusqu'à son achèvement en 1536.

Tout jusqu'à sa coopération à la pose des pierres, quoiqu'il soit devenu *complètement aveugle*, et sa mort au milieu des religieux dont il avait pris la robe, tous ces faits, disons-nous, nous portent à une grande réserve sur le compte de ce personnage.

Nous serions tenté de croire que l'architecte Colomban s'étant fait moine, après avoir séjourné quelque temps à Brou, où il a pu diriger les ouvriers et leur donner ses conseils pour l'exécution du monument, a fini par devenir simple témoin de l'œuvre qu'il regardait comme sienne, et qu'après sa mort ses confrères lui ont attribué, par leurs écrits infidèles, une gloire dont l'éclat pouvait, en quelque sorte, rejaillir sur eux, en donnant à sa vie et à ses talents un caractère merveilleux qui pût en imposer aux temps futurs et à l'histoire.

Nous avons émis le doute que Van-Boghem fût venu en Bresse antérieurement à 1512, parce qu'aucune pièce ne le constate ; pour ceux qui ne partageraient pas notre profonde conviction à cet égard, nous les engageons à relire la lettre même de maître Barangier, qui prouve que Van-Boghem n'avait encore aucune connaissance des plans établis avant son arrivée à Brou. Il trouve les travaux bien ordonnés ; il reconnaît sur les lieux la nécessité de reculer l'église de quinze à vingt pieds ; il s'assure que le terrain n'a pas besoin d'être piloté ; il modifie, sur les plans, le tracé des chapelles et sacristies qu'il fera à *l'opposite du dict esdiffice ;* il construira l'église en cinq ans ; il fait l'épreuve des matériaux, notamment du marbre trouvé sur place. Tout cela n'est-il pas le devoir d'un chef ouvrier qui vient d'être placé, pour la première fois, à la tête d'une entreprise ? Certes, il est permis de croire, d'après le témoignage d'une pareille visite des lieux, des travaux et des plans, que Van-Boghem n'était pas le premier architecte de Brou. Il est douteux qu'il se fût aussi facilement décidé à changer la disposition de ses propres plans! Et puis, aurait-il attendu si tardivement de prendre l'avis de la princesse?

Ces modifications furent concertées à l'avance, entre Madame et son secrétaire, sur les doubles des plans *qu'elle possédait;* mais qui avait fait ces plans, si ce n'est Jean de Paris?

Par une lettre du mois d'octobre 1512, Marguerite informait maître Barangier de l'arrivée à Brou, d'un *maistre masson* qu'elle envoyait pour entreprendre la taille des pierres; nul doute que ce ne fût Van-Boghem dont cette lettre fait mention; malheureusement, nous n'avons pu en prendre connaissance avant notre départ de Lille, et nous regrettons de n'avoir copié qu'une simple note à cet égard, sur l'inventaire qui nous a été communiqué au dépôt des archives du département du Nord.

Il nous reste à faire une dernière observation sur la qualité de *maistre de l'œuvre* donnée à Van-Boghem (1). Cette désignation s'applique indistinctement à l'architecte, au maître maçon, même au surveillant des travaux ou contrôleur: elle ne prouve donc rien en faveur du constructeur seul.

On peut voir, par une quittance d'Etienne Chevillard, délivrée à Bourg, en juin 1510, qu'il prenait cette même qualité, bien que ses fonctions se réduisent à celles d'un intendant par sa position de secrétaire ducal. (N° V, p. 4.)

Il faut donc se défier de la synonymie des qualités prises par les personnes préposées, à divers titres, à la direction des travaux de Brou, et se garder de conclure trop légèrement sur la part qu'elles ont prise dans l'exécution de l'édifice.

La lecture de cette quittance fait naître une autre réflexion:

Etienne Chevillard reçoit une gratification de 1,000 florins, *en oultre et par dessus ses gaiges* de III florins par an, qu'il percevait pour son office. Il nous semble que ce devait être une

(1) *Recherches historiques et archéologiques sur l'église de Brou*, p. 226.

récompense des soins qu'il a apportés dans l'exercice de ses fonctions, et que dès-lors les bâtiments du couvent de Brou étaient terminés. Ce qui nous confirme dans cette pensée, c'est la déclaration suivante que nous trouvons dans une lettre du 1er juillet 1508, écrite à Madame par les membres de la chambre des comptes de Bresse (pièce n° I, p. 3) :

« Vostre esdiffice de Brouz se avance fort et se faict très beau « veoir. Madame la princesse (Louise de Savoie) a passé en « ceste ville, allant à Lyon et revenant pourra *visiter le dict* « *covent,* duquel elle a faict grant estime. »

Evidemment, en 1508, on pouvait déjà visiter cet édifice, et deux ans plus tard il était achevé.

De cet exposé il résulte :

1° Que l'église de Brou n'a pas été commencée en 1506, bien que la première pierre en fût posée à cette époque; mais que les fondations datent de l'année 1512.

2° Que Jean de Paris a été seul l'architecte du couvent de Brou.

3° Que les plans de l'église, faits par Jean de Paris, ont été modifiés par Van-Boghem.

Donc, on ne peut attribuer à ce dernier le mérite de la conception de l'ensemble de l'édifice de Brou.

II.

DES MAUSOLÉES.

L'auteur de l'ouvrage intitulé : *Recherches historiques et archéologiques sur l'église de Brou*, a écrit ces lignes :

« Il serait superflu d'ajouter que les dessins des mausolées » ne sont pas dus à Perréal. On sait qu'ils furent exécutés en « 1526, et années suivantes, par maître Conrard, et selon le « pourtraict, *pour ce faict par maistre Van-Boghem.* »

Ceci nous paraît encore une erreur.

Lorsque nous avons publié nous-même, pour la première fois, le marché du 24 avril 1526, entre Madame et Conrard Meyt, tailleur d'imaiges, document trouvé dans les archives de la chambre des comptes à Lille, nous ne nous sommes pas attaché, d'une manière aussi exclusive, à cette phrase, selon le *pourtraict pour ce faict par maistre Van-Boghem*, parce qu'elle est sujette à interprétation. Nous allons l'examiner aujourd'hui.

Qui croira que Jean Perréal ait été le premier architecte de Brou, sans avoir été aussi l'auteur des plans ou dessins des tombeaux ? Et puisque nous avons prouvé que Van-Boghem n'était pas connu en Bresse avant 1512, qui croira que la princesse, dont toute la pensée pieuse était reportée vers le sanctuaire qui devait renfermer les cendres de son époux et celles de sa mère, n'avait pas déjà fait dresser les dessins de ces sublimes mausolées avant de commencer l'église ? Nous avons déjà dit que Jean Perréal avait fait les *pourtraicts* de Marguerite de Bourbon et de Philibert-le-Beau, comment croire que, puisque les tombeaux devaient représenter l'image de ces illustres défunts, la princesse n'ait pas, en même temps, chargé son peintre d'en esquisser les traits pour servir de patrons ou modèles aux tailleurs d'imaiges ? Comment croire qu'elle ait préféré donner ce soin à un architecte plutôt qu'à un peintre? Jean Perréal était peintre et architecte, il était bien plus compétent que Van-Boghem pour donner les dessins des *sépultures*. Pourquoi, dira-t-on, ces dessins tracés avant l'arrivée de Van-Boghem, n'ont-ils pas été exécutés avant l'année 1526?

Et bien ! nous produisons la preuve que l'un d'eux avait déjà reçu un commencement d'exécution en 1509. Un état des *desnyers payés* par le trésorier de Bresse Vionet (n° III, p. 3), nomme positivement *maistre Thiébaud* comme ayant reçu 350 florins *sur la taiche à lui baillié de tailler la sépulture de feu mon dict seigneur;* ainsi l'imagier Thiébaud taillait la sépulture du prince Philibert en 1509.....

Il est possible que l'œuvre des sépultures ait été confiée à plusieurs habiles ouvriers dont maître Thiébaud faisait partie. Peut-être n'a-t-il préparé que la taille des pierres (la massonnerie) pour recevoir les statues, à l'exécution desquelles devait coopérer un grand nombre de savants sculpteurs avant qu'on pût faire choix du plus habile! Quoi qu'il en soit, les dessins de la sépulture existaient incontestablement.

La correspondance de Jean Lemaire fait foi que ces dessins furent remis à Michiel Coulombe, sculpteur et citoyen de la ville de Tours. Si Van-Boghem est cité dans l'acte du 26 avril 1526, c'est parce que, depuis quinze ans, il avait la direction complète des travaux de Brou, et qu'en modifiant les plans de l'église, il a fallu son concours pour désigner la place que devaient occuper les mausolées.

Nous voyons dans cette expression : *suyvant le pourtraict pour ce faict par maistre Van-Boghem,* une énonciation assez vague de l'objet représenté. Le mot *pourtraict* est souvent synonyme de plan, dessin, patron, modèle. La princesse a bien pu dire, selon *le plan* faict par Van-Boghem, parce que, bien certainement, au moment de la passation du marché entre elle et le sculpteur, l'architecte a dû produire le plan général de l'église.

La princesse ne pouvait se tromper sur le véritable sens des

2

mots; tous ses actes sont trop précis pour laisser aucun doute à cet égard. Nous croyons donc que si elle eût voulu désigner son nouvel architecte comme l'auteur des dessins des tombeaux, elle n'eût pas manqué de se servir de l'expression du temps, expression que nous trouvons reproduite, plusieurs fois, dans les lettres de Jean Lemaire: *suyvant les pourtraicts* FAICTZ DE LA MAIN *dé Van-Boghem*, tandis qu'il n'est question que du *pourtraict pour ce faict par Van-Boghem*, c'est-à-dire du plan préparé par l'architecte, soit de l'église entière, soit de la place affectée aux tombeaux.

La vérité est que les dessins de Perréal existaient depuis 1505; qu'ils furent exécutés, en terre cuite, par Michiel Coulombe et ses neveux, sur les copies qu'il en fit lui-même en 1511; que par conséquent il n'y avait pas besoin de nouveaux dessins en 1526. Si Van-Boghem a pu passer, aux yeux de ses contemporains, comme l'auteur de ces merveilles, c'est qu'à partir de 1512, après la mort de Michiel Coulombe et le départ de Jean Perréal il est devenu l'unique exécuteur des volontés de Marguerite d'Autriche.

Nous pensons que les dessins des tombeaux datent des premiers temps de la conception de l'édifice par la princesse; ceci résulte des dispositions mêmes de son testament du mois de février 1508, portant: « *Item,* en cas que au jour et heure de « nostre trépas, le dict couvent, esglise et fondacion du dict « sainct Nicolas de Tolentin que avons conclu et déliberé fere, « avec aussi les sépultures, selon les *patrons* que en avons faict « peindre, ne fussent faictes et parachevées, voulons et ordon- « nons iceux couvent, esglise et *sépultures* estre parfaictes « selon *les dicts patrons.* »

Ainsi les patrons ou dessins existaient depuis six ans, lorsqu'en 1512, la construction du couvent étant terminée, on voulut s'occuper sérieusement des travaux de l'église. Jean Perréal remit des copies de ses dessins à Jean Lemaire qui devint, comme il le dit lui-même, moyenneur et solliciteur entre lui et Michiel Coulombe de Tours. Cet artiste, bien qu'octogénaire, se chargea de la *représentacion* du prince Philibert, qu'il annonça devoir être le plus grand *chief d'œuvre* qu'il dût faire en sa vie, suivant le rapport de l'historiographe, à la date du 22 novembre 1511.

Le statuaire Michiel donna les autres *représentacions* à faire à ses neveux, tous habiles ouvriers : Guillaume Raynault, tailleur d'imaiges, devait se charger de la sépulture de Marguerite de Bourbon; Bastyen François, architecte de l'église de Saint-Martin de Tours, devait réduire, en petit, *la massonnerie* à exécuter en pierres de taille. François Coulombe devait enluminer les patrons en terre cuite; enfin il y avait, en l'atelier, un autre sculpteur de mérite, Jean de Chartres, tailleur d'imaiges de madame de Bourbon, et d'autres imaigiers qui devaient tous mettre la main à l'œuvre. Michiel répondait *de leur science et preudomie;* tous les préparatifs et les modèles en petit devaient être prêts *dedans le terme de Pasques* 1512. (Lettre de Lemaire du 3 décembre 1511.) La mort vint frapper le chef de l'atelier avant ce terme, et le projet avorta. Jean Perréal acheva d'*estoffer* lui-même les *dicts patrons de couleurs.* La sépulture du prince Philibert, que Michiel s'était réservée pour être exécutée *de sa propre manufacture, sans que aultre y touche,* fut seule achevée, *selon le pourtraict et très belle ordonnance faicte de la main de Jehan Perréal.* Elle représentait deux pourtraicts; l'un *en platte forme gisant,* l'autre *en élévation.*

C'est précisément la manière dont le mausolée de ce prince est établi à Brou. Il est représenté deux fois, vivant et mort sur le même monument. Il n'y a aucun doute que ce ne soit le même dessin, modèle ou patron qui ait été suivi par Conrard Meyt, lorsqu'il exécuta en grand *la représentacion au vif* du même personnage, *et la figure de la mort au dessoubz.*

Il est à regretter que le détail des figures qui ornent ce tombeau, tels que *le lion couchant aux piedz, et alentour les six enffants tenants les armes, l'épitaphe, les gantelletz et le timbre,* n'ait pas été indiqué d'une manière précise par Jean Lemaire dans sa correspondance; cependant nous pensons que ces

accessoires sont implicitement dénommés dans cette phrase de
l'une de ses lettres, adressée à Madame, le 22 novembre 1511.

« Vous verrez la sépulture de feu monseigneur en toute
« perfection comme elle sera. Se gisant aura ung pié et demy
« de longueur (le modèle), les vertuz demy pié, et *toutes les*
« *aultres ymaiges* à la correspondance; et la massonnerie qui
« sera grant chose en toute perfection comme se vous la voyiez
« en grant volume. »

Selon nous, les *vertuz* et les *autres ymaiges* doivent s'entendre
des figures qui entourent le monument.

Ainsi, on a dû suivre le patron fait de la main de Michiel
Coulombe pour la sépulture du prince Philibert; et pour les
autres, les dessins de Jean Perréal ont suffi à Conrard Meyt,
d'après le-pourtraict ou plan général, *pour ce faict par Van-
Boghem,* c'est-à-dire suivant le tracé du plan de l'église, relevé
par cet architecte pour indiquer l'emplacement des tombeaux.

Jean Lemaire a fait connaître que Michiel Coulombe *avait
convenu que chacun de ses nepveux aurait par jour, compté
depuis leur partement de la cité de Tours, pour faire le voyage du
pays de Flandres,* la somme de v philippes d'or, valant xxi sous
tournois (1). Il paraît qu'ils devaient porter à Marguerite d'Autriche les pourtraicts, patrons ou modèles qu'ils devaient faire
des mausolées de Brou. Guillaume et Bastyen devaient lui pré-
senter *les sépultures, en petit volume, et les dresser en sa présence.*
Puis, Michiel devait les envoyer sur le lieu du couvent-lez-Bourg
en Bresse, par Jean de Chartres, pour commencer les travaux
touchant l'élévation de la platte forme de l'esglise, mesmement
touchant les sépultures des deux princesses; mais le décès de
Michiel Coulombe, survenu tout-à-coup, coupa court à tous ces
projets. Marguerite dut songer à remplacer immédiatement cet
habile ouvrier, et bientôt Van-Boghem fut choisi et envoyé à
Brou, en 1512. Il devait s'occuper exclusivement des travaux de

(1) Acte du 3 décembre 1511, publié dans les *Analectes historiques,* par
M. Leglay.

maçonnerie de l'église, et nous voyons par la lettre de maître Barangier, du mois de novembre 1512, que ce soin lui fut particulièrement confié comme architecte. Pourquoi cela ? C'est parce que Marguerite, possédant les dessins des mausolées exécutés par Jean Perréal, se réservait de choisir elle-même un *tailleur d'imaiges* capable de suppléer aux talens de Michiel Coulombe ; ce qu'elle fit, en effet, en 1526, en désignant Conrard Meyt, sculpteur, Suisse d'origine, qui habitait Malines, et qu'elle avait attaché à son service depuis quelque temps. Van-Boghem n'a pas eu à diriger les travaux d'art des tombeaux ; il a pu indiquer les dimensions et la place qu'il convenait de leur faire occuper dans l'intérieur de l'église : comme chef suprême, il a dû donner son avis sur la pose de ces mausolées, préjuger de l'effet général qu'ils devaient produire, et s'entendre avec les imagiers pour harmoniser leurs ouvrages avec le style et l'ensemble de l'édifice, mais bien certainement Van-Boghem n'a pas créé les plans des tombeaux.

Si les dessins de Jean Perréal ont été modifiés, ce qui est possible, ce n'a pu être que par la princesse elle-même qui s'occupait, comme on le sait, de dessin et de peinture avec une rare perfection ; peut-être Conrard Meyt a-t-il pu proposer quelques changements aux patrons inachevés des tombeaux de Marguerite de Bourbon et de Madame : nous ne le contesterons pas. Mais ceux du tombeau du prince Philibert étant terminés, il n'y avait plus nécessité de les modifier ; et nous pensons que ce dernier mausolée a été exécuté tel qu'il a été conçu par Jean Perréal et préparé par Michiel Coulombe.

Du concours de ces différents artistes à une même œuvre, il en est résulté cette diversité de genres qui a été signalée par plusieurs artistes et écrivains de nos jours, notamment par M. Joseph Bard (1) qui, après avoir critiqué l'ensemble du monument « pour le mauvais goût des façades, les retombées

(1) *Statistique générale des basiliques et du culte dans la ville de Lyon ;* 1 vol. in-8°, p. xxxij.

« des travées, l'inégalité monstrueuse des bas-côtés, le peu de
« hauteur et de dignité de la maîtresse-voûte, finit par ajouter :
« *Les tombeaux*, le jubé, les stalles, les verrières peintes, *tout*
« *ce qui est ornementation*, à l'intérieur du vaisseau, nous
« semble prodigieux, et nous dirons avec l'Europe que Brou
« est un des chefs-d'œuvre de l'art, un des faits architectoniques
« les plus curieux qui se puisse rencontrer. »

Certes, si ce jugement était sans appel, la part d'éloges faite
à Van-Boghem, comme constructeur, serait peu enviée, et ce
témoignage prouverait qu'il a été surpassé par les sculpteurs
chargés de l'édification des tombeaux ; mais d'autres connais-
seurs ont apprécié différemment le monument de Brou, et
chacun des artistes qui y ont coopéré, a reçu un éclatant
témoignage d'admiration.

Nous nous bornerons à tirer cette induction de la présence
de Van-Boghem à Brou, savoir, que c'est à lui qu'est due
l'influence allemande qui surprend dans notre splendide église
auprès des deux autres caractères bien distincts de la sévérité
italienne et de la délicatesse française.

Si nous n'avions vu, comme l'auteur des *Recherches historiques et archéologiques de Brou*, qu'une construction de style
flamand transplantée de Bruges ou de Gand, en Bresse, nous
eussions pu, peut-être, nous ranger de son avis sur la question
de savoir à qui est due la conception des plans de l'église de
Brou ; mais l'art s'y trouve emprunté de trois nations, et nous
voyons là une dernière preuve que Van-Boghem n'a pas été le
seul architecte de Brou. Cette église offre l'art italien dans toute
sa pureté, l'art français dans toute sa beauté, et l'art allemand
dans toute sa richesse.

Ecoutons ce qu'en rapporte M. Didron dans sa *Monographie
de l'église de Brou*, ouvrage que nous n'avons pu consulter,
parce qu'il n'est pas encore complètement publié, mais dont
nous avons lu quelques fragments dans un feuilleton du *Journal
de l'Ain* du mois de décembre 1844 :

« Depuis la base des piliers jusqu'à la rencontre des nervures ;

« du pavé à la clef de la voûte, on suit de l'œil les rubans et
» les tores moulés exactement sur ceux d'Anvers; mais *c'est la*
« *France qui a la plus grande part dans le chef-d'œuvre de la*
« *Bresse*. C'est en France, seulement, qu'ont été exécutés ces
« monuments d'une ogive irréprochable; qu'ont été peints ces
« magnifiques vitraux qui sont la gloire de l'art gothique. Ce
« n'est qu'en France où il existe des jubés aussi beaux.

« La France, l'Italie et l'Allemagne ont doté splendidement
« le monument de Brou, en sculpture et en architecture, de
« tout ce qui est beau de proportions, de forme et de couleurs. »

Nous sommes donc autorisés à conclure :

1° Que ni l'édifice de Brou, ni son ornementation intérieure,
ne sont l'œuvre unique de Van-Boghem.

2° Que le caractère d'architecture du monument et des tombeaux, ne présentant pas un type particulier, les plans, modifiés
ou non, appartiennent primitivement à Jean de Paris, puisqu'ils
existaient avant l'arrivée de Van-Boghem en Bresse.

III.

DES ARTISTES.

Les artistes et maîtres ouvriers qui ont coopéré à l'édification du monument de Brou sont nombreux, et cependant ils ne sont pas encore tous connus. Il faut citer en première ligne :

Jean Perréal ou Jean de Paris, peintre et architecte français ;
Loys Van-Boghem, architecte flamand (1).

En seconde ligne :

André Colomban, architecte et peintre, né à Dijon, décédé à Brou, s'étant fait religieux ;
Philippe de Chartres, architecte français ;
Jean de Saint-Amour, pourtrayeur et architecte ;
Benoît de Montagnat-le-reconduit (2), pourtrayeur et architecte ;
Michiel Coulombe, tailleur d'imaiges, avec ses trois neveux : Guillaume-Raynauld, Bastyen et François Coulombe ;
Jean de Chartres, aussi tailleur d'images (de l'atelier de Michiel Coulombe) ;
Conrard Meyt (3) et son frère Thomas, tous deux Suisses d'origine et tailleurs d'imaiges (voir l'article spécial concernant ces deux artistes, à la suite de ce chapitre) ;

(1) Nommé *Van-Boglem* par le P. Rousselet dans son *Histoire de Brou*, et *Van-Beughem* par d'autres historiens.

(2) Jean de Saint-Amour et Benoît de Montagnat-le-Reconduit, nous sont indiqués par M. D. Monnier, de Domblans (Jura), archéologue distingué, auquel nous témoignons ici notre sincère gratitude. « Ces deux ouvriers, « dit-il, étaient comptés parmi les souverains *portrayeurs et architectes* « travaillant à Bourg, avant 1559. Ils ont évidemment pris part aux travaux « de la basilique monumentale de Brou. »

(3) Appelé aussi *Conrat Meyt* d'après quelques documents extraits des archives du département du Nord.

Gilles Vambelli,
Onufre Campitoglio, } imagiers italiens;

Jean de Louen (de Louhans), follagier français (1);

Jean Rollin,
Amé Picard, } follagiers français;
Amé Carré,

Pierre Terrasson, menuisier bressan;

Louis Bernard, } charpentiers de Bourg;
Claude Rolet,

Jean Brochon,
Jean Orquois, } verriers français;
Antoine Noisins,

Amé de Rogemont, } maîtres maçons de Bresse;
Benoît Ballichon,

Guisbert, imagier français, nommé pour la première fois dans un document inédit que nous publions aujourd'hui (n° XVII, p. 8);

Et maître Thiébaud, imaigier français, aussi nommé pour la première fois (n° III, p. 3).

On a écrit que Van-Boghem était d'un caractère violent et emporté; une ordonnance du trésorier-général Marnix, à la date de 1530, trouvée dans les archives de l'Ain (2), ne laisse aucun doute à cet égard; néanmoins, nous prouvons aujourd'hui que ce mauvais caractère d'un homme qui joue un si grand rôle dans l'érection du monument de Brou était tempéré par une grande bonté et une sincère obligeance.

En l'année 1522, Claude Gauthier, crieur public à Bourg, dont l'office n'était affermé que deux florins par an, était chargé de famille. Il ne pouvait s'acquitter envers la princesse. Il pria Van-Boghem d'intercéder pour lui auprès de sa souve-

---

(1) On appelait *follagier* l'ouvrier qui s'occupait plus particulièrement de la taille des feuilles d'ornement.

(2) *Recherches historiques et archéologiques sur Brou*, p. 227.

raine. Il forma même une demande d'affranchissement de droits, se basant sur sa qualité de fils de l'*esperonnier* de Madame. L'architecte allait, tous les ans, passer l'hiver dans son pays ; il emporta la supplique de Gauthier, et bientôt l'excellente princesse délivrait, en faveur de ce malheureux, une ordonnance de remise de dix florins, c'est-à-dire du revenu de l'office de crieur pendant cinq ans, à la *requeste de maistre Loys Van-Boghem, maistre masson de Brouz* (n° XXIV, p. 10).

Nous avons dit qu'après le décès de Michiel Coulombe, en 1511, la princesse porta son choix sur Conrard Meyt, aussi tailleur d'imaiges distingué ; que sa décision n'eut rien de prompt ni de spontané, puisque le remplacement du sculpteur français n'eut lieu qu'en 1526 ; nous pensons qu'elle voulut s'assurer de l'habileté de celui qu'elle voulait employer, et rester maîtresse, jusqu'au dernier moment, de désigner le meilleur artiste qu'elle eût rencontré. En effet, de 1512 à 1526, quinze années s'écoulèrent pendant lesquelles on ne s'occupa que de la construction de l'église ; mais, la quinzième année, Marguerite se décida en faveur de Conrard Meyt, et bientôt l'acte du 24 avril fut signé. Ce tailleur d'imaiges paraît avoir joui d'une certaine célébrité en Flandres : il travaillait pour les églises et les monastères qui possédaient alors les objets d'art les plus parfaits.

Nous apportons la preuve qu'il était connu depuis long-temps de Marguerite d'Autriche, lorsqu'elle lui confia la sculpture des tombeaux de l'église de Brou. Cette preuve existe dans deux ordonnances de paiement de l'année 1519, par lesquelles elle lui alloue, dans l'une, 26 livres de 40 gros de Flandres pour *ung Adam et Eve,* en étain ; dans l'autre, 50 Philippes d'or, de 26 florins pièce, pour une *imaige de bois à la ressemblance de Nostre-Dame de Pitié,* imaige destinée au couvent des Ursulines de Bruges. (N⁰ˢ XIX et XX, p. 8.)

On pourrait se demander pourquoi elle n'a pas choisi un sculpteur français pour faire achever l'œuvre commencée par un artiste du même pays ? Nous croyons qu'elle préféra le tailleur d'imaiges Conrard Meyt, parce que, selon l'usage du temps, celui-ci devant préparer, à l'avance, des patrons ou modèles, en terre cuite, des deux tombeaux qui restaient à exécuter, Madame se réserva ainsi la faculté de suivre et d'apprécier par elle-même l'œuvre qu'elle méditait. Elle avait consenti à se servir de l'intermédiaire de son historiographe auprès de Michiel Coulombe qui résidait à Tours, pour la sépulture de son époux; elle voulut assister, en quelque sorte, à l'érection des deux derniers monuments; peut-être même en a-t-elle ordonné les détails, et Conrard Meyt n'a-t-il été que l'exécuteur de sa volonté? Toutefois, il est permis de croire que ce ne fut que lorsque les patrons ont été exécutés en petit, sous ses yeux, qu'elle s'est décidée à passer l'acte ci-dessus relaté, dans lequel on peut remarquer le soin qu'elle prend de désigner les parties du travail qui seront exécutées par Conrard et celles qui le seront par son frère Thomas. Evidemment, ceci démontre la connaissance parfaite qu'elle avait du genre de mérite de ces deux imaigiers, et dénote combien Marguerite était initiée dans leur art.

Quant à la présence de Van-Boghem à la signature du marché, nous l'avons déjà dit, il faut l'attribuer à la nécessité de faire intervenir l'architecte en chef dans un traité relatif à des travaux d'art dont il devait surveiller la confection et fournir les matériaux propres à les établir. D'ailleurs, il fallait bien le consulter pour déterminer la place qu'ils devaient occuper dans l'intérieur de l'église actuellement construite, et cette question subalterne paraît résolue définitivement, puisqu'ils seront placés ou exécutés en grand, suivant le *pourtraict* (le plan) *pour ce faiot par maistre Van-Boghem.*

Enfin, l'époque du mois d'avril 1526 fait connaître qu'après la conclusion du traité dont il s'agit, maistre Loys, qui a passé l'hiver dans son pays, va retourner aux travaux de Brou; cette fois, il sera accompagné de Conrard et de Thomas Meyt pour commencer l'ornementation intérieure de l'église: donc la construction du vaisseau de l'édifice dura seule quinze ans, et celle des mausolées, sept ans. En effet, le temple fut livré au culte en 1532.

Nous avons dit que Jean Perréal était entré au service du roi Louis XII, dont il devint le valet de chambre; nous avons dit aussi que c'est à cette cause qu'il faut attribuer la désignation d'un autre architecte pour conduire les travaux de Brou. Nous prouvons, d'une manière certaine, qu'il ne cessa pas brusquement de servir Marguerite d'Autriche.

Ne pouvant le conserver comme architecte, ce qui eût nécessité sa présence à peu près continuelle à Brou, elle voulut, du moins, ne pas se priver de ses lumières, ni de ses conseils; elle lui donna le titre de *contrerolleur* de son édifice; il devait, sans doute, profiter de ses voyages pour s'assurer de l'exécution de ses plans.

« Puisque Jehan Lemaire nous a laissée, lui écrit-elle en « février 1511, nous ne voulons avoir aultre contreroleur, en « nostre esdiffice de Brouz, que vous-même. »

C'est encore cette même dénomination de *contrerolleur* qui est donnée à Jean de Paris, par Lemaire lui-même, dans sa lettre datée de Blois du 28 mars 1511, adressée à maitre Barangier (lettre que nous publions pour la première fois):

« Touchant ce que vous plaist m'advertir de ce qu'il a esté « rapporté à Madame que j'aye deu avoir escript quelque chose « contre elle, et que, à Paris, l'on le treuve publiquement par « escript; de ce je n'en suis guères esbahy, car ce n'est pas la « première coquille que on m'a dressé devers Son Excellence; « sur le point que j'ai reçeu vos dictes lestres, je les ay mon- « trées à *M. le contrerolleur maistre Jehan de Paris*, lequel, en « riant, a répondu ung mot vraiment philosophal, c'est assa- « voir que quant chiens ne peuvent mordre, ils se saoulent à « aboyer, etc. »

Et plus loin: « Le dict *Jehan de Paris luy escript* (à Madame) « *au long de ses affaires de Brouz.* »

Ainsi Jean de Paris, se trouvant à Blois, en mars 1511, correspondait directement avec la princesse, comme *contre-*

rolleur de son esdiffice de Brou. Il a pu ne pas être étranger à la détermination prise par Madame d'envoyer Van-Boghem sur les lieux.

Et comme, en 1512, d'après la correspondance de Lemaire avec Madame, on voit que Jean de Paris continue à *servir* cette princesse *de bon cœur,* il est presque certain qu'il entre pour quelque chose dans la rédaction du nouveau projet arrêté pour la construction de l'église de Brou, qui est de la reculer de quinze à vingt pieds de la façade du couvent, modification dont Van - Boghem a fort bien pu n'être que l'exécuteur. « Madame, vostre premier secrétaire (Barangier) m'escript « avoir ordonné d'envoyer de l'argent à *maistre Jehan de Paris,* « *vostre peintre,* etc. »

Donc, suivant Lemaire, Jean de Paris n'a pas cessé, en 1512, d'être le peintre de Marguerite......

« Il vous plaira avoir regard aux labeurs et diligences du « dict *de Paris qui vous sert de bon cueur.* »

Donc Jean de Paris possède toujours la confiance de la princesse......

Nous devons à la vérité de dire, qu'à partir de l'année 1513, nous ne retrouvons plus le nom de Jehan Perréal dans les documents que nous avons consultés aux archives du Nord. Mais faut-il s'en étonner? Non, sans doute. Jean de Paris, artiste français, ne s'était pas voué exclusivement au service de Marguerite d'Autriche, à l'exemple de Jean Lemaire; cette princesse, pendant son séjour en France, ou seulement lors de sa présence dans les états de son douaire, avait su apprécier le rare talent du peintre qu'elle occupa bientôt comme architecte. Il avait compris la pensée de la veuve de Philibert-le-Beau, lorsqu'il s'était livré à la rédaction des plans du couvent, de ceux de l'église et des mausolées; cette princesse dut l'honorer de son estime et de sa protection; mais lorsque le roi de France appela Jean de Paris à sa cour, il est tout naturel que Marguerite dût le remplacer pour la conduite des travaux de Brou, sans pour cela lui retirer la confiance qu'elle avait placée en lui. Elle lui conserva le titre de *contrerolleur de l'esdiffice de Brouz*, afin de se ménager ses conseils; mais, à dater de ce jour, il fallut lui donner un successeur.

Cette simple observation répond à une objection possible, savoir, qu'il aurait pu exister une cause de mésintelligence entre l'artiste français et la comtesse de Bourgogne. Son brusque départ paraît avoir été commandé par la force des circonstances qui protégèrent le peintre auprès de son souverain, protection que nous ne serions pas éloignés de reporter, en partie, à la princesse elle-même, lorsque nous nous rappelons que Louis XII possédait pour Marguerite d'Autriche une estime toute particulière, dont sa correspondance offre le témoignage.

En l'année 1510, on donnait à Jean de Paris la qualité de *painctre du roy*. C'est, en effet, celle qu'il n'a jamais quittée, bien que travaillant pour Marguerite d'Autriche; et cette preuve est acquise par un document nouveau où il est fait mention de la délivrance à *Jehan de Paris, painctre du roy*, de la somme de 60 écus d'or au soleil, *pour Brouz*.

Une observation importante nous a été faite concernant les deux imaigiers Conrard et Thomas Meyt. M. Désiré Monnier pense qu'ils étaient originaires de Saint-Lauthein (Jura). Son opinion est fondée sur la similitude du nom d'une famille appelée, dans ce pays, *Goura* ou *Gonra*, *Gonrad* ou *Conrad*, dont les derniers descendants sont aujourd'hui près de s'éteindre.

Or, la carrière d'albâtre d'où l'on a extrait la pierre des mausolées de l'église de Brou provenait de Saint-Lauthein, et l'on peut en induire que le célèbre Conrard qui avait traité, en 1526, avec l'archiduchesse Marguerite, et qui avait également traité en 1531, avec Philiberte de Luxembourg, princesse d'Orange, pour les tombeaux à ériger dans l'église des Cordeliers de Lons-le-Saunier, pourrait bien être né dans le Jura.

Cependant, M. D. Monnier convient que le tailleur d'imaiges signait sur ce dernier marché *Goura* pour *Gonra*, et qu'il fallait écrire et prononcer *Conrad;* mais le nom de Conrad est allemand. (Konrad, Kunz, Kurt.)

Quelle que soit la similitude dans les noms, il n'y a, selon nous, aucune identité : il faut remarquer que le nom de *Gonra* ou *Gonrad* (1) est un nom de famille, tandis que celui de *Conrard* n'est que le prénom de l'imaigier appelé *Meyt,* qui habitait la Flandres depuis long-temps, ainsi que le prouvent les documents que nous avons publiés.

(1) Le Conrad ou Gonrad, signataire des marchés de Philiberte, portait le prénom de *Jean-Baptiste.* (M. Didron, *Bulletin archéologique,* tome II, p. 479.)

IV.

DES PRÉPOSÉS AUX TRAVAUX DE L'ÉDIFICE DE BROU.

Parmi les personnes qui ont été chargées, par les ordres de Marguerite d'Autriche, soit de la surveillance des ouvriers, soit de leur solde et de l'achat des matériaux, il faut citer, en premier lieu, Etienne Chevillard, secrétaire ducal et bourgeois de Bourg, dont les *gaiges* étaient fixés à iiie florins par an, suivant le compte du trésorier particulier de Bresse pour l'année 1510, et la quittance délivrée par ce serviteur le 28 juin 1510.

Etienne Chevillard paraît être entré dans l'exercice de ses fonctions dès le commencement des travaux du couvent de St-Nicolas-de-Tolentin, en 1506. Il était chargé de payer les ouvriers, tous les samedis, avec les deniers qui lui étaient remis par le trésorier Vionet; et, de plus, il devait assurer l'approvisionnement des *estoffes* (matériaux).

Plus tard, en 1509, Chevillard, auquel on donne la qualité de *maistre des œuvres de Brouz*, préside à la formation des ateliers de construction de l'église. Il fait réunir, sur place, les bois, la pierre, destinés au monument; et l'on voit, sur un état de dépenses, qu'il a ouvert *un roole pour avoir faict conduyre les albastres de Mascon à Bourg, montant à 31 florins 7 gros.*

Maître Barangier, secrétaire de Madame, faisait grand cas d'Etienne Chevillard (1).

(1) M. de Lateyssonnière a écrit que : Etienne Chevillard, secrétaire ducal et bourgeois de Bourg, fut exempté, en 1480, de toute contribution par Philippe de Savoie, comte de Baugé, pour avoir, par son adresse, mérité le titre de *roi des archers*, en abattant le *papegay* ou oiseau, lors de l'institution de cette compagnie en Bresse. (*Recherches historiques sur le département de l'Ain*, tome V, page 45.)

Ceci est une erreur. Le secrétaire ducal Chevillard, auquel le prince de

Se trouvant en mission à Bourg, en l'année 1513, il écrivait à cette princesse : « Afin de myeulx entendre à vos affaires « pendant que ny pourroit vacquer, ay, suivant les lestres que « de vostre grâce m'avez accordées, mis M. le maistre Che- « villard en mon lieu, qui est homme de bien et bien entendu « en faict de compte, et vous promets, Madame, qu'il vous « sert très-bien et féalement, et voudrays que eussiez veu vostre « béal couvent et grand apprest qu'il a faict pour vostre « égliese, etc. »

Cet honorable témoignage est encore confirmé dans une seconde lettre du même, à la date du 31 mai 1512. (Nº VII, p. 4.)

Chevillard conserva son emploi jusqu'à sa mort, arrivée en 1515.

On lit dans l'ouvrage intitulé : *Recherches historiques et archéologiques sur l'église de Brou,* page 220, que ce comptable fut remplacé, *en* 1513, par Guillemin de Maxin. Cette date est erronée.

A l'époque du décès d'Etienne Chevillard, Loys Vionet exerça temporairement le même office, avec celui de trésorier, jusqu'à la nomination de Guillemin de Maxin, qui fut dépossédé de cet emploi par ordonnance de la princesse, en 1523, au profit de Loys de Gleyrems, prieur de Brou.

L'intérim de Vionet est justifié par sa lettre datée de Bourg, en 1514 (document nº XIV, p. 7), dans laquelle il sollicite le paiement de différentes sommes qui lui sont dues.

Quant à ce Guillemin de Maxins, il paraît avoir cumulé l'office de payeur à Brou avec la charge de châtelain de Mont-luel, mais sa mauvaise conduite lui fit retirer ces deux béné-fices (1).

Le frère Gleyrems se donna le nom d'*économe* (dispensator), désignation plus exacte et plus conforme à la nature des fonc-

Savoie accorda ce privilége, se nommait *Jeannet Chevillard* et non *Etienne*. (*Inventaire* nº 21, page 160, des archives du département de la Côte-d'Or.)

(1) Voir les pièces VI et VII déjà publiées dans notre Notice sur Brou, en 1844.

tions de ses prédécesseurs. Il fut un de ceux qui apportèrent le plus de zèle à l'accomplissement de leurs devoirs. Sa correspondance avec la princesse nous a fait penser que Guillemin de Maxins *avait prévariqué*, et que ce fut là le motif de sa destitution de payeur de Brou. En effet, cet indice existe dans l'insistance avec laquelle le frère Gleyrems demande « à rendre « ses comptes, combien que M. Loys (Van-Boghem) sache et « voie journellement en quoi et comment s'employent les « desniers; ce nonobstant, *il désire que les dictz comptes soient « vehuz, afin que chacun sceut que ne vouldroit fere faulte d'ung « moindre desnier.* »

Les détails qu'il a fournis sur la construction de l'édifice sont nombreux, précis et exacts. Nous avons déjà fait connaître deux lettres de lui, en 1844 ; nous joignons aujourd'hui à nos preuves, sous le n° XXVI, p. 10, une nouvelle lettre du 24 octobre 1524, par laquelle il prévient Madame que, dans la vue de ne pas interrompre les travaux *de l'esdiffice, qui est si magnifique, que chacun qui le voit s'en émerveille,* il a décidé MM. du conseil de Bresse à contracter un emprunt de 1,000 florins, jusqu'à l'arrivée du trésorier Vionet, absent momentanément.

Ceci indique quel sérieux intérêt il prenait à l'achèvement de l'église de Brou, et combien Marguerite fut habile en choisissant, pour surveillans et contrôleurs des travaux, les religieux intéressés eux-mêmes à la prompte et parfaite exécution de l'œuvre.

Aussitôt la réception de ce premier avis qui signalait le manque d'argent, la princesse donna l'ordre au trésorier de Bresse de faire l'avance d'une partie des revenus de l'année 1525, pour terminer l'année courante, jusqu'à concurrence de 3,000 florins: elle le chargea de remettre cette somme au frère Gleyrems *pour furnir aux ouvraiges.* (Document XXVII, p. 11.)

Il y avait encore à Brou un contrôleur ou surveillant des travaux. Il était chargé de reconnaître les ouvrages faits. Il servait comme d'agent intermédiaire entre le conseil de Bresse et l'architecte. Ce poste fut occupé d'abord par le greffier Leguat, en 1511, *aux gaiges de 100 florins* par an; plus tard, par Philippe Buffet, en l'année 1524, époque à laquelle la peste sévit à Bourg avec intensité.

Cet événement est prouvé par la déclaration du frère Gleyrems, qui rendit compte que quelques ouvriers de Brou furent atteints de cette cruelle maladie et que l'un d'eux en mourut.

Il existe aussi une demande en indemnité formée par le capitaine de Bourg, à raison de cette épidémie qui décima une partie de la population de la ville. (N° LVII, p. 24.)

Enfin, il existait, dans les premiers temps de la construction de l'édifice de Brou, un autre emploi de surveillant des ouvriers, confié à un maître ouvrier nommé Pierre Anchemant, bourguignon; mais il ne paraît pas qu'il ait eu des successeurs, probablement parce que Van-Boghem, venu en Bresse en l'année 1512, dirigea seul les ouvriers et n'eut pas besoin de suppléant.

Quant à Loys Vionet, trésorier particulier du douaire de Marguerite d'Autriche, comme veuve du duc Philibert de Savoie, il fut institué dans son emploi aussitôt l'arrivée de cette princesse en Bresse, c'est-à-dire dès l'année 1506 : il succéda à Philippe de Chassey.

Pour donner plus de régularité à la perception des deniers provenant de ses domaines de Bresse, de Vaux, de Faucigny et de Villars, Madame avait rendu une ordonnance qui abolissait tous les *petitz chastellains,* pour n'avoir plus à compter qu'avec un seul receveur par province, et cela à dater du 1er octobre 1506, jour à partir duquel tous les baux de fermes devaient recevoir leur effet.

Loys Vionet, qui avait exercé temporairement les fonctions de *trésorier-général, assavoir dès le 1er jour de juillet 1504 jusqu'au 1er septembre exclusivement de l'année 1505,* ainsi qu'il le déclare lui-même dans sa demande d'indemnité à Marguerite, fut choisi pour trésorier particulier de Bresse, *aux gaiges de*

500 *florins par an*, qui, dit-il, ne font que 300 livres, monnaie de Savoie.

Il exerça ses fonctions avec la plus sévère probité, et les comptes que nous avons pu retrouver dans les archives du Nord font foi de sa précision et de la bonne tenue de ses écritures; elles sont divisées, suivant le mode du temps, par *receptes sur la value de Bresse* et les charges imposées aux communes ou *chastellenies;* de même que sur l'emploi des deniers dont il ne disposait jamais sans une *lestre d'aloy*, ou ordre de paiement émané de Madame, du gouverneur de Bresse ou de quelque autorité supérieure ayant pouvoir de se servir de ces fonds.

Loys Vionet soumettait annuellement ses comptes au conseil de Bresse pour être vérifiés. Les sommes qu'il versait au payeur des travaux de Brou étaient déduites de celles qu'il devait remettre au trésorier général, lequel lui en donnait décharge.

C'est ce que prouvent les annotations de remises faites : 1° *ès mains de Philippe de Chassey, trésorier général du conté de Bourgoigne* (1), par l'entremise de son commis maître Noël Puget, en 1506; 2° *ès mains du trésorier général Marnix,* en 1510; 3° enfin, au trésorier-général de toutes les finances de Madame, nommé Diégo Flores.

Vionet, digne de la confiance de Marguerite, est resté en fonctions jusqu'à la clôture des travaux de Brou : ses bons et loyaux services furent souvent récompensés par des dons de sa souveraine. C'est ainsi que nous avons trouvé, à Lille, deux ordonnances de paiement à son profit, l'une de 450 florins sur le receveur-général Diégo Flores, à la date du 16° jour d'avril 1509; l'autre de 80 écus d'or au soleil, aussi à titre de gratification. Ce dernier acte est du 28 septembre 1517.

Le conseil de Bresse exerçait une certaine autorité à Brou,

---

(1) Philippe de Chassey a donné lieu à des poursuites contre lui, à l'occasion de sa charge. Il fut même mis en jugement; mais nous n'avons pu trouver quelle suite fut donnée à la procédure instruite contre lui par ordre de la princesse Marguerite d'Autriche.

de laquelle dépendaient les autres. Marguerite lui donna le pouvoir de juger les différends qui pourraient survenir parmi les *maistres* et les *ouvriers,* ainsi que la haute surveillance sur l'ensemble de l'administration des travaux et des finances.

Ce conseil de la province était présidé par le bailli

Laurent de Gorrevod, seigneur et baron de Montaney, qui avait succédé, comme gouverneur de Bresse, à Jehan de Loriol, seigneur de Challes, frère de l'évêque de Nice.

Ce personnage, qui fut un des plus puissants seigneurs du pays, dirigeait les affaires administratives de l'intérieur et la politique extérieure.

Les autres membres du conseil étaient :

Thomas Bergier, *vis président,*
Buffet, qui signe les lettres du
    conseil en 1510 et en 1524,   tous aux appointements de
Decastro, en l'année 1527,   200 florins par an;
Puget, avocat, en 1510,
Claude Guiot, avocat, en 1513,

Leguat, greffier du bailliage dont l'office était *accensé* (affermé) en 1506, à raison de 1,200 florins par an, et de 1600 florins en 1511, fut remplacé par Philippe Buffet en l'année 1524. C'est sans doute le parent du conseiller cité plus haut.

Le vice-bailli de Bresse s'appelait, en 1510, Delaparose; il recevait 300 florins par an.

Le lieutenant de justice, Claude Combet, en 1510, chargé de la police de la ville, recevait aussi 300 florins par an.

Beauregard, capitaine de la ville de Bourg, en 1524, recevait 400 écus d'or.

Calixte Forcrand, avocat, devint notaire.

La chambre des comptes de Bourg était composée de :

Bon Badel, auditeur en 1510;
Joberet, en l'année 1524;   tous aux appointements de 200
Charrat, même année;   florins par an.

Gaspard Guyot, receveur des comptes, avait 100 florins par an; devenu vieux et infirme, il fut remplacé, dans le même office, par son fils Jehan Guyot.

On voit, par une lettre du 12 décembre 1523, que maistre André Grilliet remplaça, en l'année 1515, à la chambre des comptes de Bourg, maître Barangier, comme président et garde du scel. En 1517, la princesse lui faisait délivrer une somme de 30 écus d'or au soleil, à titre de récompense *de ses peynes et labeurs*. Etant tombé en disgrâce, il fut remplacé lui-même, en 1523, par Jean Buatier, ex-procureur.

Une autre lettre du 3 septembre 1525, signée Buatier, désigne comme un nouveau conseiller le sieur de Versay, constitué *chevalier de cestuy conseil par monseigneur*.

V.

La plupart des lettres missives de Marguerite d'Autriche,
trouvées dans les archives du Nord, constatent la pénurie
où cette princesse se trouvait réduite par la difficulté de faire
rentrer exactement les revenus de ses domaines : ce sont des
offices qui n'ont pu trouver d'amodiateurs, ou bien des châtelains qu'il faut presser et menacer pour obtenir l'arriéré de
leurs comptes; enfin, c'est son beau-frère Charles III, duc de
Savoie, qui entrave la perception de ses finances, en suscitant
des réclamations incessantes pour des portions du douaire dont
il demande la restitution. Toutes ces causes ont amené inévita-
blement la plus grande lenteur dans l'édification du monument
de Brou. La preuve la plus complète de l'insuffisance ordinaire
des fonds destinés à cette construction, c'est la déclaration de
l'architecte Van-Boghem qui ne demandait que *cinq années pour
construire l'église*, et qui, cependant, employa *vingt ans* pour
la terminer.

Les revenus de la veuve de Philibert-le-Beau étaient composés de 12,000 écus d'or au coin de France, constitués dans
son contrat de mariage, passé à Bruxelles le 26 septembre 1501;
ils étaient assignés sur le comté de Romont, la Bresse, le pays
de Vaux et le Faucigny. Confirmation de cette assignation eut
lieu à Ponterlie en Savoie, le 1er décembre suivant (1).

Mais lorsqu'après le décès de son époux, Marguerite demanda
l'exécution de cet acte, le nouveau duc de Savoie, son beau-
frère, dont les états se trouvaient considérablement affaiblis par
le partage de l'usufruit de ses terres entre d'autres princesses

(1) Archives du département du Nord, *Répertoire général*, année 1501.

de sa famille, ne put fournir la somme revenant annuellement à la duchesse douairière de Savoie (1); elle se contenta de prendre en échange la Bresse, le pays de Vaux et le Faucigny, qui n'équivalaient pas, à beaucoup près, à la somme de son douaire; néanmoins, comme elle avait conçu l'intention de fonder, en Bresse, un monastère sur l'emplacement du prieuré de Brou, elle prit possession de ces provinces. Bientôt elle s'aperçut que le revenu devenait insuffisant pour accomplir son vœu, elle entama de nouvelles négociations avec Charles III. Celui-ci se prêta peu à de nouveaux arrangements. Ce fut à grand peine que, quatre ans après, le 5 mai 1505, un nouvel acte fut passé à Strasbourg, en présence de l'empereur Maximilien, que sa fille fit adroitement intervenir (2). Le duc de Savoie remit à sa belle-sœur le comté de Villars et la seigneurie de Gourdans, avec tous les droits de justice, ainsi que la faculté de racheter les biens engagés du domaine de Bresse, jusqu'à concurrence de 1,200 florins, somme que Madame destinait à l'entretien des religieux du couvent de Brou.

Telle était la cause de la mésintelligence secrète qui régna entre Marguerite d'Autriche et Charles III, duc de Savoie.

La libre possession de ses domaines pouvait satisfaire la pieuse princesse qui faisait un si noble usage de son revenu. Elle ne cessa pas d'être inquiétée dans la jouissance de ses droits. Le duc, au lieu de lui savoir gré de l'éclat qu'elle cherchait à jeter sur sa maison, en perpétuant la mémoire d'un frère qui devait lui être également chère, suscita à sa veuve mille embarras.

---

(1) Blanche de Montferrat, veuve de Charles Ier, possédait les meilleures places du Piémont.

Le Bugey avait été remis à Claudine de Bretagne, veuve du duc Philippe; enfin, Louise de Savoie jouissait de la plus grande partie du Chablais.

(2) Cet acte, formant un cahier en parchemin contenant 5 feuilles, repose aux archives du département du Nord; il porte pour titre :

« Accord entre Marguerite d'Autriche, veuve de Philibert de Savoye, et « Charles, duc de Savoye, pour le douaire de cette princesse. »

On voit par les documents que, sous les apparences de la plus parfaite amitié, il existait réellement peu d'union entre ces deux gouvernans. Non content d'empiéter sur l'autorité de Marguerite, en nommant des officiers qui ne devaient relever que d'elle seule, le prince finit même par redemander la cession des fiefs de Villars et de Gourdans. Il réclama jusqu'aux *baghes et joyaulx* que Madame avait reçus de la maison de Savoie, comme ne pouvant être *aliénés ny être transférés ailleurs.*

Sans sortir des bornes de la plus stricte modération, Marguerite répondit par d'autres récriminations; elle exprima son étonnement de voir son beau-frère s'opposer au remboursement d'une somme de 40,000 florins qui lui était due par le général Noël, du vivant de son époux; elle lui accorda deux ans pour se liquider de cette somme envers elle, bien qu'elle eût le droit de l'exiger comptant, et déclara que son intention était de rendre les bagues et joyaux en échange de cette restitution.

Quant à Villars et Gourdans, elle se renferma dans les clauses du traité du 5 mai 1505.

René de Savoie, frère naturel de Philibert-le-Beau, avait reçu en partage le comté de Genève, la baronnie de Fauciguy et celle de Beaufort; il proposa à Marguerite de résigner, en sa faveur, ses droits sur le Faucigny, droits qu'elle tenait du même traité; il offrait, en échange, le pays de Beaugeois (ou Beaugé). La princesse refusa en termes précis, son intention étant de suivre scrupuleusement la convention passée devant l'empereur, ne voulant, d'ailleurs, rien *inover pour ne pas desplaire à son père.*

Cette conduite sage et prudente lui ménagea ses adversaires, sinon ses ennemis, et lui facilita les moyens de se maintenir en paix dans ses domaines; il lui fallut, toutefois, des receveurs zélés, des serviteurs fidèles, pour faire respecter son autorité et faire rentrer ses finances.

Il résulte de notre examen des comptes de recettes, qu'en l'année 1506, les estimations furent établies ainsi :

Bresse	3,665 florins.	
Faucigny.	5,805	
Vaux	930	12,400 fl.
Villars et Gourdans	2,000	

Soit 124,000 francs de notre monnaie actuelle.

Les recettes faites par Philippe de Chassey, trésorier du comté de Bourgogne, se montaient, pour cette même année, à 11,552

Les comptes de Bresse, dus en l'année 1508, s'élevaient seuls à 3,776

Sans compter Villars et Gourdans pour . . . 2,000

En 1509, les recettes générales s'élevèrent à une somme totale de. . . . . 18,464 fl.

Les revenus de Marguerite durent s'accroître chaque année, par suite de l'ordre et de la régularité qu'elle imprima à son administration; cependant nous pensons que, dans cette dernière année, ils atteignirent le plus haut chiffre possible.

La princesse affectait annuellement une somme de 12,000 florins à l'édifice de Brou; le surplus des recettes était employé à solder les pensions viagères qu'elle accordait à ses serviteurs, et aux appointements de ses officiers. Le détail de ces dépenses, pour les années 1509 et 1510, constate que ces allocations variaient de 2,000 à 2,500 florins par an.

L'église de Brou ayant été construite en vingt années (de 1512 à 1532), il s'ensuit que sa construction a coûté environ 240,000 florins ou 2,400,000 francs d'aujourd'hui. Il est constant que la fixation annuelle de 12,000 florins, pour les travaux, fut quelquefois dépassée, ainsi que le prouve le mandement de Madame, à la date du 20 février 1518 (1), par lequel elle ordonne à son secrétaire de dépêcher des lettres-patentes au trésorier Marnix, afin qu'il puisse payer à Guillemin de Maxins, *maistre des euvres de Brouz,* 700 florins de Savoie, pour acheter des bois destinés à l'édifice, *et ce, oultre et par-dessus les* 12,000

(1) **Archives du département du Nord**, *Inventaire,* année 1518.

florins ordonnés pour les ouvraiges de l'année; mais cette justification nous fixe positivement sur le taux de l'allocation annuelle et nous autorise à penser que si l'on dépensait plus dans une année que dans une autre, on balançait aussi la dépense, l'année suivante, en retardant l'exécution des travaux.

Or, voici quelle fut la marche de ces travaux :

Après l'achèvement de la construction du couvent, en 1510, on commença les fondations de l'église, qui furent à peine terminées en 1513, puisque, suivant la pièce n° XI, p. 7, Chevillard fait grand apprêt et l'on attend la venue de l'architecte, sans doute pour commencer les murs....

A cette même époque, maître Barangier écrit qu'il a vu les *préparatifs d'approvisionnements.* La dépense s'élève déjà à 50,000 florins de Savoie.

En 1514, les murs de l'église sortent de terre. Avant de les monter; il a paru nécessaire de faire un réglement pour les ouvriers, attendu que les travaux de terrassement s'exécutaient à la tâche, tandis que les maçons devaient travailler à la journée (1).

En 1515, les murs sont en partie construits. Le trésorier Vionet écrit qu'il a déjà dépensé, jusqu'au 11 novembre précédent, 26,000 florins; ce qui l'empêchera de rien envoyer en Flandres, sur ses recettes depuis le 1er janvier 1515 (2).

En 1516, le payeur Guillemin rend compte (n° XVI, p. 7) « qu'il faict très-beau voir le dict esdiffice; que c'est une chouse « merveilleuse, et pour le temps que nous il sommes estéz, « est si très-fort avancé, car il n'est pas à croire si non que on « l'eusse veu. »

Mais on doit se défier du témoignage de ce serviteur infidèle; il a l'intention de se faire passer, aux yeux de la princesse,

---

(1) Ce renseignement est consigné sur l'*Inventaire* des archives de la chambre des comptes de Lille, année 1514. Le document n'a pu être trouvé.

(2) Registre déposé à la chambre des comptes de Lille, année 1515. (Art. Bourgoigne.)

pour avoir *grant peyne* dans son office, afin de se choisir un aide. « Il est impossible que moi tout seul, dit-il, puisse bon-
« nement fère quant ilz vient les matières. Bien souvent, deux
« ont bien affaire un grant espace de temps; avecque cela, il
« me fault bien souvent alléz dehors à solliciter les chouses
« nécessaires pour le dict esdiffice de Brouz, etc. »

Cependant, cinq ans après, « *on volte le chœur après la chap-*
« *pelle de Madame, qui est déjà voltée. Le clocher est bien haut,*
« *car il faut monter* 195 *marches.* » (Lettre de P. Marnix,
n° XXII, p. 9.)

En 1526, on place le *jubé qui est triomphant et fort riche pour*
les beaux ouvraiges et folliages qui y sont (1). On commence les
mausolées.

En 1527, on achève les *grandes voltes et les deux allées joi-*
gnantes au portal, afin de clore l'église.

Enfin, en 1532, on livre l'église au service du culte religieux, et cette cérémonie a lieu le 22 mars.

Il restait encore à faire quelques travaux d'ornementation
dans l'intérieur, quelques réparations à la toiture nécessitées
par les eaux pluviales; mais, en 1536, le monument est complètement achevé. Il parait dans tout son éclat et justifie pleine-
ment l'opinion de Jean Lemaire, exprimée en 1511, à la vue
des plans de Jean Perréal, lorsqu'il écrivait à Marguerite qu'*il
lui asseuroit par serment, et par trois fois, que c'estoit le plus
grand chief-d'œuvre que l'on fera ès parties par deçà.*

Parmi les preuves que nous avons fournies sur la date du
commencement de la construction de l'église de Brou, nous
aurions dû indiquer que, jusqu'en 1510, la correspondance
des religieux du couvent se taisait sur les travaux de cette
église. Il est certain qu'on n'y travaillait pas encore; sans cela,
ils eussent donné des détails d'exécution, comme ils en don-
naient sur leur *covent.*

---

(1) Lettre du frère de Gleyrems, en 1526, *Notice sur Brou* (1844), par
M. Dufay.

'Or, la lettre du 28 août 1508, signée Claude, porte qu'*il prie Dieu de donner la grâce à Madame de venir visiter son très-magnifique covent.*

Une autre lettre du 19 février 1509, adressée par le frère Raymond, augustin, à maistre Loys Barangier, le *supplie de vouloir estre tousjours propice à la bonne volonté de sa redoubtée Dame, pour que son covent vienne à la perfection, laquelle chouse sera la gloire et l'honneur de Dieu, etc.*

Ce n'est qu'à partir de 1520 que toutes les lettres émanées du monastère de Brou font mention de maistre Loys Van-Boghem et de l'église, c'est-à-dire de l'époque où la princesse se décida à prendre ses préposés et surveillants parmi les religieux eux-mêmes. (Voir les lettres des frères Raymond de Casana, du 25 octobre 1520, et de Loys de Gleyrems, du 24 octobre 1524. — Nos XXIII et XXVI, p. 10.)

Nous avons rapporté, dans notre Notice sur Brou, les articles compris dans l'acte de donation du 13 avril 1521, sur lesquels portait le revenu de 12,000 florins, affecté à l'entretien des douze religieux du monastère de Saint-Nicolas-de-Tolentin. A cette occasion, nous avions mentionné différents étangs acquis, au nom de Madame, soit à Chevroux, soit dans la seigneurie de Montisléri. Nous avons commis une erreur en traduisant le mot latin *Montislerium* par celui de *Montluel,* au lieu de *Montelier:* nous nous empressons de la réparer.

Montluel était appelé *Monslupelli.* Nous n'avons pu trouver l'étymologie de ce nom, à moins qu'il ne vienne du nom de *Lupus,* chef de l'armée de l'empereur Sévère, qui, dit-on, y fut défait par Albin (1).

Les seigneurs de Montelier, nommés Montbel, furent des personnages très-puissants à la cour des princes de Savoie. Néanmoins, leur nom n'est plus particulièrement connu en

_____

(1) *Recherches historiques sur le département de l'Ain,* par M. de Lateyssonnière, tom. I, pag. 81. — (1838.)

Bresse que par les procès qu'ils y eurent à soutenir, en 1510, contre les religieux de Brou.

Il existe encore, aux archives du Nord, sous la date de 1513, une requête des augustins de Brou contre le seigneur de Montbel, pour avoir indûment pêché l'étang appartenant à la princesse Marguerite.

Le pénultième jour de janvier 1510, Madame céda, par acte daté de Bruxelles, aux ermites de Saint-Nicolas-de-Tolentin, un revenu annuel ou cens perpétuel de 300 francs, monnaie courante en Bourgogne, faisant 500 florins de Savoie, acquise par la princesse de Louis Rolini, seigneur d'Aymerie, successeur de Nicolas Molini, seigneur d'Entremont, lequel avait acheté cette rente de Jacques de Montbel, seigneur de Montelier, tant en son nom que comme procureur de Guillaume de Montbel, son frère (1). Après huit ans de procédures et de pourparlers, il fut enfin passé une transaction à Turin, le 20 décembre 1518, par-devant Augustin de Villefranche, notaire public et vice-secrétaire du conseil à Turin, au moyen de laquelle les religieux de Brou cédèrent aux seigneurs de Montbel tous les droits qu'ils avaient dans les cens, rentes et étangs de Montelier, moyennant 4,000 livres, argent de France (2).

Marguerite avait aussi acheté, pour le couvent de Brou, le grand étang de Chevroux, au prix de 997 écus d'or, dont le revenu était de 174 florins. Le seigneur de Montjuent prétendit avoir des droits sur cet étang, vendu par Jehan de Montfault. Cet autre procès ne fut vidé qu'en 1515 (3).

La princesse avait encore acheté le droit de leyde et celui de

(1) Originaux en parchemin, scellés, reposant aux archives de la chambre des comptes du département du Nord (en latin).

(2) Originaux aux archives de Flandres, avec confirmation de cette transaction par Marguerite, à la date de 1518.

(3) L'acte de vente, en latin, du 8 septembre 1512, en papier, se trouve aux archives du Nord.

copponage (1) de la ville de Bourg, en 1509, pour doter le couvent de Brou. L'acte fut passé le 31 août, à *Scalengini* (sic), pour le prix de 3,394 florins, payé aux héritiers de Humbert-Claude Grilliet, fils de Gérard, lequel en avait fait l'acquisition de Philippe de Savoie (2).

Le revenu de ces droits était de 200 florins en 1513; il est constant qu'à cette époque le couvent ne percevait que 600 florins de rentes seulement, au lieu de 1,200 que lui avait assignés la princesse. Cela explique les remontrances du receveur Guiot, interprète des plaintes des frères augustins de Brou, lorsqu'il écrit à Madame que si l'on vient à diminuer leur revenu, ils seront contraints de renvoyer des religieux, *car aultrement ne pourroient subvenir à ce que leur est nécessaire.* (Nº X, p. 6.)

La princesse les indemnisa par de nombreux dons, entr'autres par celui de 25 écus d'or au soleil, délivré le 12 novembre 1513, par ordonnance datée de Gand, *pour par eulx estre employés à l'achat de livres de chant.* (Nº XII, p. 7.)

Plus tard, en 1527, elle fit donation au couvent de Brou des meubles et immeubles délaissés par le frère Nysus de Turin, jadis templier de l'ordre de Saint-Jean-de-Jérusalem, décédé à Villars, sa résidence. (Nº XXVIII.).

Nous nous arrêtons ici sur les explications que nous ont suggérées les nouveaux documents recueillis en Flandres, et qui intéressent plus particulièrement le monument de Brou.

---

(1) Ces droits sont ceux qu'on prélevait, à l'entrée de la ville, sur les blés.

(2) L'acte en latin repose aux archives du département du Nord. Il y est exprimé que le duc de Savoie abbergea cette ferme à défunt noble homme Girard Grilliet pour les introges de 3.000 florins, petit poids, et de servis annuel de 3 florins, et à charge d'entretenir, jour et nuit, deux cierges ardents, un devant l'image de Notre-Dame, à Bourg, et un autre cierge semblable devant le corps de saint Claude, en l'église de St-Oyen-de-Joux, se réservant le réachat perpétuel, droit dont usa Marguerite d'Autriche.

Les premières pièces que nous avons publiées en 1844 ayant été mises à la disposition des personnes qui écrivent l'histoire de la Bresse, nous avons pu nous réjouir de les voir utilisées, notamment par l'auteur des *Recherches historiques et archéologiques sur l'église de Brou;* nous espérons que celles-ci seront également mises à profit.

Notre récompense la plus douce sera d'avoir pu être utile au pays qui, depuis long-temps, a des droits à notre vif attachement.

DOCUMENTS

SUR BROU ET SUR LA BRESSE,

RECUEILLIS DANS LES ARCHIVES DE FLANDRES

Par M. J.-C. DUFAY,

Secrétaire de l'Intendance militaire, — membre correspondant de la Société royale d'Emulation de l'Ain, de la Société royale des Sciences et Arts de Lille, et de la Commission archéologique de Dijon.

————◦⟨⟩◦————

AVERTISSEMENT.

—

Les quatre premiers documents sur la construction de l'église de Brou ont été recueillis par le docteur Leglay, archiviste du Nord, dans ses *Analectes historiques*. Le président de la Société royale d'Emulation de l'Ain, M. Puvis, en les reproduisant tous les quatre en 1840, souleva d'intéressantes questions d'histoire et d'archéologie.

Répondant à son appel, M. Dufay fouilla les archives de la Flandres, et M. Baux celles de la Bresse.

Le premier, que divers liens rattachent à notre pays, trouva sept nouveaux documents; il en adressa copie conforme à la Société d'Emulation avec son commentaire, et il les publia lui-même en 1844.

Le second fit aussi d'importantes découvertes dans le dépôt qui lui est confié (archives de l'Ain); et, réunissant le fruit de ses recherches aux pièces déjà publiées, il forma cette précieuse collection, imprimée, la même année, à la suite de son beau travail littéraire et artistique (1).

Depuis lors, on a vu paraître trois livraisons des magnifiques

(1) V. la liste des ouvrages composés sur Brou depuis 1533 jusqu'en 1846, dans la première note du *Passage de la Reyssouze par Napoléon*.

1

dessins de M. Dupasquier; mais le texte qui les accompagne, rédigé par M. Didron, n'a, jusqu'à présent, jeté aucune lumière sur l'histoire de Brou.

M. Dufay a continué ses recherches à Lille jusqu'en 1845; et, cette année, de Dijon, sa nouvelle résidence, il a pu offrir à la Société d'Emulation une seconde dissertation, appuyée de 89 documents.

Pour lui témoigner sa gratitude et pour encourager ses explorations, qu'il peut continuer avec succès dans les archives de la Bourgogne, la Société d'Emulation publie elle-même les 89 documents inédits.

Parmi ces documents, vingt-huit se rapportent à l'église ou au couvent de Brou, et la plupart des autres à l'histoire administrative de la Bresse, du temps de Marguerite d'Autriche.

La première série mérite l'attention des admirateurs de Brou. On remarquera surtout la lettre de Barangier, n° VIII. Cette lettre, qui précise ce qu'a fait Van-Boghem, témoigne que la construction de l'église n'était pas commencée au mois de novembre 1512, bien que la première pierre des fondations ait été posée en 1505.

La seconde série est précieuse à quelques égards. On pourra lire avec intérêt la correspondance de Marguerite d'Autriche, au sujet de son douaire, avec son beau-frère Charles de Savoie, n°s II, XI, XIII, XV, XXXVI et LXI, une ordonnance de police pour la ville de Bourg n° V, une lettre de Jean Lemaire n° XXV, deux ordonnances de Marguerite pour l'organisation de sa maison n°s XXXVIII et XXXIX, et de curieux détails sur la peste n° LVII.

Quelques documents ont été imprimés *in extenso*. La plupart ne l'ont été que par extraits : à quoi bon reproduire *ces longues traînées de langage*, comme dit Montaigne ? Enfin l'on n'a fait que mentionner les pièces offrant peu d'intérêt. Les personnes qui voudront prendre plus ample connaissance, pourront consulter les manuscrits de M. Dufay à la bibliothèque de la Société d'Emulation.

DOCUMENTS SUR BROU.

I. — 1508 (?). — *Lettre des auditeurs des comptes de Bresse sur les recettes des châtelains et sur les travaux de Brou.* — Extrait.

Madame, votre édifice de Brouz se avance fort et se faict très beau voir ; madame la princesse (1) a passé par cette ville allant à Lyon, et revenant pourra visiter le dict covent duquel elle a faict grant estime...

Escript de Bourg, ce premier jour de juillet.

Vos très humbles et très obéissans subgietz et serviteurs les auditeurs de vos comptes de Bresse.

II. — 1508. — *Lettre du frère Claude à Marguerite, au sujet de son magnifique couvent de Brou.*

Ma très redoubtée dame, tant et si très humblement que possible, je me recommande à toutz temps et jamay à voustre bonne grace.

Madame, très humblement je vous remercie tous les biens et tous les honneurs que journellement je ay et auray, et j'en prye, pour vostre mayson et vostre grace. Je prye à Dieu que vous donne grace de venir visiter vostre très magnifique couvent et vos très révérends religieux de Brou, vous assurant que ce vostre belle mémoyre perpétue de vostre règne en Bresse, lequel, par la grace, vous donne l'accomplissement de vos desirs pour à la fin parachever.

A Bourg, le 28 d'aougt 1508.

Ce tout vostre très humble et très obéissant serviteur,

Signé CLAUDE.

III. — 1509. — *Denyers paiés par lestres de madicte dame, de monseigneur le gouverneur et de MM. du conseil de Bresse, par doys et aultrement.* — Extrait.

A Estienne Chevilliard, maistre des euvres de Brouz, en vertu des lestres de mon dict seigneur le gouverneur, pour emploier audict ouvraige . . . . IIIJcXXV fl.

Aux prestres de l'esglise Nostre-Dame de Bourg, pour le premier paiement de l'accord faict avec eux des droits qu'ils prétendaient audict Brouz. . . . . M fl.

Plus audict Chevillard, pour ung roûle des despenses extraordinaires d'avoir faict conduyre les albastres de Mascon à Bourg . . . . XXXI fl. VII g.

A maistre Thiebaud, sur la taiche à lui baillée de tailler la sépulture de mondict seigneur . . . . IIIcL fl.

Pour Brouz. — A Chevillard, pour emploier à Brouz en l'édifice, oultre Villars . . . . M fl. I s. parisis.

A Jehan de Paris, peintre du roi. . . . . . IX écus d'or au soleil.

___

(1) Cette princesse était Louise de Savoie, marquise de Baugé, fille de Janus, comte de Genève, fiancée à Charles, duc de Savoie, son cousin. (Note de M. Dufay.)

IV. — 1510. — *Réponse de Marguerite à son beau-père Charles de Savoie, concernant son douaire et les sommes qu'elle emploie à la fondation de Brou* — Extrait.

Monsieur mon bon frère, je me recommande bien affectueusement à vous, etc...... Si ay-je tousjours, pour l'amour de vous, condescendu à la pluspart de ce que m'avez escript, permectant, par ce, à la fois, aucune diminucion de mes droits, et laissier de tout en tout ce que justement m'appartient commé la debte du général Noel, laquelle j'ay appliqué à la fabrique de l'esglise de Brouz que me coustera une très grande somme de desniers...,.

Vous advertissant que oultre icelle somme (40 mille florins) il me convient de furnir au dict édiflice et fondacion, à cause d'icelluy, plus de LX^m francs par dessubz ce que desjà en ay desboursé, qui sont sommes assez grandes pour me mectre à l'arrière; mais puisque lay emprins, j'en vuydrey de rechief, au plaisir Nostre Seigneur, et feray une mémoire et décoracion perpétuelle pour vostre maison et à la descharge de vous et de messieurs vos prédécesseurs, etc.

Escript à Bruges, le jour d'avril l'an xve et dix.

V. — 1510. — *Quittance de 1,000 florins, donnée par Etienne Chevillard, maître des œuvres de Brou, pour et à cause de semblable somme que Madame lui a ordonné prendre et avoir d'elle, et ce oultre et par dessus 500 florins qu'il prend chaque année pour la conduite de son dit office et pour l'avancement de l'édifice de Brouz.* — Bourg, le 18e jour de juing 1510.

VI. — 1511. — *Lettre de Madame à Jean de Paris, pour l'informer qu'elle le nomme contrôleur de l'édifice de Brou.*

Marguerite, archiducesse d'Austrice, ducesse et contesse de Bourgoigne, douagière de Savoye,

Très chier et bien amé, nous avons reçu vos lestres, et puisque Jehan Lemaire nous a layssé, nous voulons avoir aultre contreroleur en noz édifice de Brouz que vous mesme, pour à quoy entendre vous devrions, nous desirons sçavoir quel marche Michiel Coulombe a avec vous pour le faict de nos sépultures, et dans quel temps il pourroit avoir parfaict.

Quant à vostre fils, le ferons mectre au roole des bénéfices de nostre conté de Bourgoigne.

Escript de Malines, le   jour de febvrier xve xi.

(Sans adresse ni signature. On suppose que cette lettre était adressée à Jean de Paris. — *Note de M. Dufay.*)

VII. — 1512 — *Lettre de maistre Barangier, concernant l'église de Brou, et l'informant que sera bonne l'année 1512 pour la chierté des blés formant le revenu en vuivres de la princesse.* — Extrait.

Madame, quant à Brouz, vous en ay escript et ne reste que la venue du *maistre Masson.* J'ai veu la recepte et despense depuis que avez commencé, y comprins les préparatives, et monte le tout environ cinquante mille florins de Savoye, et vous promectz, madame, que Chevillard se acquicte en homme de bien, et s'il vous plait, l'aurez pour recommandé. Au surplus, madame, pour ce que monsieur le gouverneur est pourteur de ceste, entendrez le surplus, ne vous feray plus longue lestre fors, madame, vous supplier m'avoir tousjours en vostre bonne souvenance....

VIII. — 1512. — *Lettre de maistre Loys Barangier à sa très redoubtée et souveraine dame, concernant la visite qu'il a faite des travaux de l'édiffice de Brouz.*

Ma très redoubtée dame, très humblement à vostre bonne grace me recommande.

Madame, suyvant ce qu'il vous a pleu m'escripre, ay faict toute adresse à maistre Loys, maistre maçon, lequel a bien et au long veu vostre édiffice de Brouz et la trouvé très beau et bien ordonné, et y ont honneur les maçons, comme il ma dit. Il a aussi veu la place pour faire l'esglise et treuve qu'il n'est besoing de pillots, qu'est grand adventaige. Il la reculera bien de quinze ou vingt piedz loing du dict édiffice, afin de n'empesché point la vehue du dortoire, aussi pour fère les chappelles et sacresties tant plus belles et grandes, et avec ce en sera la dicte esglise plus magniffique. Dessubz la dicte sacrestie il pourra fère ung oratoire pour vous s'il vous plait.

Et quant à voz chappelles, à la vérité, madame, selon que vous diz à mon partement, il les fera à l'opposite du dict édiffice, et entend d'en fère une qui sera ung chief d'œuvre et pourrez descendre par dessubz le jubilé, comme je dysais, en vostre chappelle, de laquelle pourrez voir par dessubz vostre sepulture, au grand haulte, ainsi que le tout a plain le dict maistre Loys déclairera.

Madame, aucuns disaient que debvriez fère nouveau maisonnement pour vous du cousté de vostre dicte chappelle. Je ne suis point de cet advis et me semble que en avez assez. Combien que après l'esglise faicte, et avoir veu le tout, pourriez tousjours ordonné ce qu'il vous plaira. Et surtout, madame, je vous supplie, quoique l'on vous dye, que toutes aultres choses délaissées, actendu que les religieux sont bien leugéz, qu'il vous plaise ordonné et recommandé que l'on ne cesse que votre dicte esglise ne soit faicte, laquelle le dict maistre dit, expédiera en cinq années à l'aide de Dieu. Le dit maistre a veu le marbre estant au dict Brouz, et en a faict l'essay et poly, et le treuve le meilleur du monde. Il desire d'en avoir trente ou quarante pièces d'une grosse qu'il m'a montrée, tant pour les sépultures que pour vostre chappelle. S'il vous plaist que l'on en face tirer, en manderez vostre bon plaisir pour en fère selon icelluy.

Et enfin, madame, d'estre adverty de ce et de la conclusion que aurez prinse avec le dict maistre masson, aussi pour la compaignie, pour ce aussi qu'il la requis, ay baillé Crollet, présent porteur, vostre garde des prisons de Bourg, lequel s'il vous plaist, madame, aurez pour recommandé; car il y a pitié en son cas. Je luy ay presté l'argent pour son vouaige.

Madame, monsieur de Montellier trouble vos religieux en la rente que leur avez achetée, comme entendrez par ung mémoire que vous envoye. C'est une très bonne rente et en eusse bien eu seze cent frans pour trois ans. Il me semble, madame, que l'on doit parlé à monsieur Daynieries qui est tenu à la garantie, et recouvrer tous les tiltres qu'il peut avoir de ceste matière pour les bailler aux dicts religieux, lesquelz tiennent bien maintenant, y comprins la dicte rente, ix^c ou mil florins. Jay treuvé homme qui en a offert mil florins pour dix ans.

Au surplus, madame, il est nécessaire d'avoir ung contrerolenr à Brouz qui tienne compte et contrerole toutes choses pour vostre prouffit, actendu que les massons ont faict leur taiche, et que ce que faict est à journée. J'en escrips à monsieur le gouverneur d'ung qui me semble le fera très bien. Et aussi, madame, de vous parler de quelque affère pour mon cousin, maistre

Guillaume de Boisset, lequel vous supplie, madame, en toute humilité, avoir pour recommandé. Je vous prometz qu'il vous servira bien et loyaulment s'il vous plaist luy donner quelque estat, et le fera aussi bien que subgiect que vous aiez, madame. Je ne vous ay jamais fort travaillé pour mes parens, parquoy, madame, vous supplie l'avoir pour recommandé, et luy et moy en demeurrons tant plus obligéz à prier Dieu pour vous.

Madame, il vous plaise m'avoir tousjours en vostre bonne souvenance, et me mander et commander voz bons plaisirs, et je mectray peine les accomplir, moyennant l'aide de Dieu, auquel je prie que ma très redoubtée et souveraine dame vous doint vos désirs avec très bonne vie et longue.

Escript en vostre ville de Dole, ce jour.... de novembre 1512.

Vostre très humble et très obeissant subgiect et serviteur,

Signé LOYS BARANGIER.

IX. — 1512. — *Response de Madame à son très chier et féal conseiller et secrétaire, maistre Loys Barangier.* — *Nomination du greffier de Bourg* contreroleur *des ouvraiges de Brouz.*

De par l'archiducesse et contesse.

Très chier et féal, nous avons reçeu vos lestres et paravant la réception d'icelles, estions ensemble volonté touchant l'esglise de Brouz que vous avez escripte, et ainsi entendons de fère besoigner à l'ouvraige d'icelle esglise. Et pour contreroleur du dict ouvraige, avons commis le greffier de Bourg. Nous avons faict certaine instruccion à maistre Guillaume de Boisset, touchant noz affaires et ceulx de nostre pays, lesquelles luy avons ordonné vous communiquer, afin que ès choses nécessaires vous tenez la main et nous advertissez pendant vostre demeure par delà, tant de noz affaires que des choses qu'ils pourront survenir, et trouverez nécessaire d'escripre, et nous l'aurons bien aggréable, et à tant, très chier et féal, Nostre Seigneur vous aye en sa garde.

A Malines, ce dernier de novembre 1512.

X. — 1513. — *Lettre de Guiot, receveur des comptes à Bourg, qui prévient Madame qu'on ne peut diminuer le revenu des religieux de Brou sans les exposer à reduire leur nombre,* — datée du jour de Noël, année XVᵉ XIII. — Extrait.

D'autre part, Madame, il vous a pleu, par vos dites lettres missives, nous mander, aviser de diminuer les sept cens florins que vous avez ordonné payer, chacun an, sur le greffe, à messieurs vos orateurs de Brou, en leur faisant sur ce les remontrances nécessaires et convenables, lesquelles leur en avons faictes et nous ont fait responce que, touchant les cent florins qu'il vous plaist soyent défalquez de la dite somme pour les gaiges qu'avez constituéz à monsieur le greffier, pour l'office de controsleur de l'edifice du dit Brou, ilz se parforceront sen passer, mais de leur en diminuer plus ilz seroient contraintz d'en renvoyer des religieux, car aultrement ne pourroient subvenir à ce qui leur est nécessaire, nous remontrant que de l'acquise que vous leur avez faite au Montillier, ils ne jouissent pas paisiblement, ny leurs commis et censiers. De la laide et coponage de ceste ville, ilz n'ont pu trouver qui leur en veuille donner et pourter les charges plus de 200 florins par an. Touchant l'estang de Chevroux ilz ny ont encoures rien prins ny prendront jusques de Pasques prochaines en ung an. Et aussi les allées et venues de chapitre et aussi d'envoyer aucune fois, de par delà en Italie, des religieux

par obédience de leur supérieur, leur est de grand coustz et dépense..........
toutefois, ilz ont tousjours leur espérance en Dieu et vous, Madame, qu'ilz
tiennent pour leur bonne princesse et mère, qu'ilz seront compétament pourvuz
et n'auront cause se soucier que de tousjours dévôtement servir et prier Nostre
Seigneur pour vostre bonne intencion.

XI. — 1513. — *Lettre du secrétaire Barangier, relative aux affaires de Bresse (vente de grains, l'église de Brou, passage des gens d'armes).* — Extrait.

Ma très redoubtée et souveraine dame, très humblement à vostre bonne
grace me recommande.

Madame, afin de myeulx entendre à voz dites affaires, pendant que ny
pourray vacquer, ay, suyvant les lestres que de vostre grace m'avez accordées, mis monsieur le maistre Chevillard en mon lieu, qui est homme de
de bien, et bien entendu en faict de compte, et vous prometz, madame, qu'il
vous sert très bien et féalement, et vouldroye que eussiez veu vostre beal
couvent et grant apprest qu'il a faict pour vostre esglise, et ce vous seroit
grande consolation.

Ma très redoubtée et souveraine dame, je prie à tant Nostre Seigneur qui
vous doint bonne et longue vie avec l'entier accomplissement de voz très
haulx et vertueux désirs.

Escript à Bourg, le 11ᵉ de may xv xiij.

Vostre très humble et très obéissant subgiet et serviteur,

LOYS BARANGIER.

XII. — 1513. — *Ordre de Marguerite à maistre Jehan de Marnix, son secrétaire, de délivrer aux religieux de Brou 25 écus d'or au soleil, pour acheter des livres de chant.* — Donné à Gand, le 12 de novembre 1513.

XIII. — 1513. — *Ordre de Madame de remettre les titres de créance sur Daynieries, aux religieux de Brou.* — Donné à Malines, le 2 de novembre 1513. — V. la pièce n° VIII, 3ᵉ §.

XIV. — 1514. — *Lettre de Loys Vionnet, trésorier de Bresse, adressée à Madame, pour lui réclamer ses gaiges.* — Extrait.

Et sy le bon playsir de ma dicte dame est, le fera aussy récompenser de
six moys et plus qu'il a payé les ouvriers et matières de la fabrique de Brouz,
despuis la maladie et trespaz de feu Chevillard, maistre des dictes euvres,
jusques à ce que Guillermyn y a esté commis, assavoir de aoust jusques en
mars ensuyvant....

XV. — 1515. — *Lettre de Marguerite à ses gens du conseil de Bresse, concernant les prétentions du seigneur de Montjuent, sur l'estang de Chevrous, appartenant aux religieux de Brou.* — Escript à Bruxelles, le dernier de juillet 1515.

XVI. — 1516. — *Lettre du contrôleur Guyllemyn, adressée à Madame, l'informant du voyage de maistre Loys vers elle, et de l'exécution des travaux de l'église de Brou.*

Ma très redoubtée dame, tant et si humblement que feire puis à vostre
bonne grace me recommande.

Madame, maistre Loys sen vat de pardella, lequel vous dira comment l'œuvre se porte, et croyt qu'il vous en dira nouvelles, lesquelles vous seront agréables, car il faict si très beau voir le dict ediffice, que c'est une chouse merveilleuse, et pour le temps que nous il sommes estés, est si très fort avancéz, car il n'est pas à croyre sinon que on l'eusse veuz, et je vous asseure que le dict maistre Loys presse fort que c'est une chouse merveilleuse dont je suis bien ayse, et ne fault avoir grant poyne après laquelle je prent bien voulontier comment le dict maistre Loys vous pourra bien dire, et si je sçavois faire mieulx de très bon cœur le voudroyt bien accomplir.

Madame, j'ay prié maistre Loys qu'il luy plaise de vous demander et qu'il fisse tant vers vous que je puisse avoir quelque aide pour me secourir, à cause de la grande poyne que j'ay, car ilz n'est possible que moy tout seul le puisse bonnement faire quant ilz vient les matières, bien souvent deux ont bien affaire ung grant espace de temps, avecques cella il me fault bien souvent, comment il vous saura à dire, alléz de hors à soliciter les chouses nécessaires pour le dict édiffice, et estant moy dehors me fault tousjours avoir ung homme sur le lieu pour distribuer les desniers et recevoir les matières.

Madame, maistre Loys vous aporte le double de la despense et des desniers que j'ay employés pour l'édiffice, et en la charge qu'il vous a pleuz à moy donner, je vous supplie que vostre bon plaisir soit de moy en advertir si les dicts desniers sont distribuéz bien à vostre grez, aut non, à cause du temps advenir que je n'en puisse estre repris. Or ils sont distribuéz selon l'ordonnance du dict maistre Loys, et advis de monsieur le conteroleur, et en la forme de mon mandement. En vous suppliant, ma très redoubtée dame, m'avoir tousjours pour recommander et me tenir du nombre de vous petits serviteurs, priant Nostre Seigneur qu'il vous doint très bonne vie et longue et accomplissement de vous bons desirs.

Escript a Bourg, le xxve jour de octobre 1516.

Par le tout très humble subgietz et serviteur.

Signé GUYLLEMYN.

XVII. — 1517. — *Lettre des gens du conseil de Bresse, concernant les affaires du domaine de Madame et de Brou.* — Escript à Bourg, le 1er jour d'aoust 1517. — Extrait.

..... Quant au regart de l'ymageur de Brou qui fut blessé, nommé Guisbert, est trouvé par information qu'il fust promoteur des paroles et de faict.

XVIII. — 1517. — *Ordre de Marguerite à messieurs les gens du conseil de Bresse, de faire chercher les titres et papiers du sieur Daynieriès, relatifs à la rente de Montellier, dans un coffre etant aux Cordeliers de Bourg.* — Escript à Bruxelles, le 30 novembre 1517. — V. les pièces nos VIII et XIII.

XIX. — 1519. — *Ordonnance de paiement de 50 philippes d'or au profit de Conrad Meyt, tailleur d'ymaiges de Madame, pour une ymaige de bois à la ressemblance de Nostre Dame de Pitié, que Madame a fait prendre et acheter de luy pour son couvent de Bruges.* — A Malines, le 7 de may 1519.

XX. — 1519. — *Autre ordonnance de paiement de 25 livres 40 gros au profit du même, pour ung Adam et Eve, de l'étain, qu'il a vendus à Madame.* — A Malines, le 4e d'aoust 1519.

XXI. — 1519. — *Lettre du frère Raymond, augustin de Brou, adressée à maistre Loys Barangier, secrétaire de Madame, pour lui recommander les religieux du couvent.*

Monsieur le maistre mon honorable seigneur, Dieu vous doint bonne vie et longue. Je suis esté adverty que estes bien sain et faictes bonne chière, dont suis bien joyeulx et de meilleur que vostre talon a recouvré sa santé, Dieu en soit loué *qui visitavit vos et fecit vobiscum misericordiam suam*, moy et tous les beaux pères et frères de Brou, la grace Nostre Seigneur faisons bonne chière, *serventes dominum in leticia*, et nous recommandons tousjours à vostre bonne grace; vous savez ce que nous est nécessaire, par ainsi vous prie et supplie que veuillez tousjours estre propice et coadjeuteur à la bonne volonté de nostre très redoubtée, afin que son couvent vienne à la bonne perfection, laquelle chose sera la gloire et honneur de Dieu, salut des ames tant de nostre dicte dame que des bons coadjeuteurs, et aussi l'onneur du pays, puysque à Dieu plaist que cy longtemps sommes privés de vostre vision corporelle et de nostre très redoubtée dame, laquelle nous seroit bien joyeuse et aggréable; je vous prie très-affectueusement au moins vous plaise quelquefois nous visiter et consoler par lestres vostres, et aussi de nostre bénigne dame et mère, et je me oblige à payer le port, et si je puis quelque chose fère pour vous de pardeça, je feray de bon cueur, aidant Nostre Seigneur qu'il vous doint le comble de voz bons desirs.

A Brou, ce XIXe de février, par le tout vostre serviteur et orateur.

Signé frère RAYMOND, augustin.

XXII. — 1519. — *Lettre de Pierre Marnix à Marguerite, concernant la visite qu'il a faite avec les gens du conseil de Bresse, de l'église de Brouz.* — Extrait.

Ma très-redoubtée dame, si très humblement que fère puis à vostre bonne grace me recommande.

Madame, en ensuyvant la charge que vous a pleu me donné, me suis tiré avecques messieurs de vostre conseil de Bresse pour visiter vostre esglise de Brouz, leur exposant ce que m'aviez chargié, par mes instructions. C'estoit que vous estoient debeues plusieurs restes de desniers, les ayant recouvré, de les y vouloir emploïer, oultre et par dessubz les desniers ordinaires qui pregnoient de vous, à quoy y disent que pour ce que ces desniers ne pourroient estre sitôt prest, ils l'envoient par devers vous pour vous donné à entendre comme ils n'ont plus de reste de leurs desniers que quinze cens florins, que n'est peu fournir pour y ouvrer que jusques à tous les Sainctz, ou plus mesmement qui fault entendre que la despense croîtera de jour en jour plus, à cause que fault monté les ouvraiges desja bien en hault; et certes, ilz l'y ont fort ouvré ceste année, et se monstre merveilleusement bien plus qui n'a faict, comme disent aussi messieurs de vostre conseil de Bourg, car à ceste heure, ils voltent le cueur, et déja vostre chappelle est voltée et plusieurs aultres, et aussi le clocher est bien hault, car desja, pour y monté, il faut monté cent quatre vingtz et quinze degré, et l'ouvraige tire fort avant, pourquoy madame il ordonnerés ce que il vous plaira que l'on y fasse.

Madame, il vous plaira moy mandé et commandé vous bons plaisirs pour les accomplir de tout mon pouvoir, en priant Nostre Seigneur, ma très redoubtée dame, vous doint bonne vie et longue.

De Bourg, le second de septembre.

Vostre très humble et très obéissant subjiect et serviteur.

Signé PIERRE DE MARNIX.

XXIII. — 1520. — *Lettre de Reymond de Césana, augustin de Brou, qui prévient Madame de la supercherie d'un imposteur qui s'est fait passer pour être dudit couvent.* — Extrait.

Nostre très redoubtée dame et mère très bénigne, Dieu vous doingt bonne vie et longue. Depuis les lestres que moy et mon vicaire vous escripvons par monsieur Loys, furent closes, receu une lestre de vostre Excellence, laquelle veue et entendue fus fort joyeulx avoir de voz nouvelles, mais triste et desplaisant du religieux de l'ordre qui est vagabond, fugitif et manteur, et qui pis est, selon que l'on m'a raporté, s'est dit et nommé religieux de vostre couvent de Brouz, et prieur d'icelluy. Jaçoit qu'il n'est ne de vostre couvent ne d'aultre de nostre province, si je le pouvois tenir, je le mectrois en lieu qu'il ne veroit le soleil de long-temps, lequel est nommé frère Jehan Hellot de Carignan.....

Escript en vostre couvent de Brou, le xxvᵉ d'octobre, par vostre très humble serviteur et orateur des augustins le moindre.

Signé frère REYMOND DE CÉSANA.

XXIV. — 1522. — *Requête de Claude Gaultier, crieur de la cité de Bourg en Bresse, et allocatton, à luy faicte, de dix florins par Madame, à la recommandation de maistre Loys Van-Beughem, maistre masson de Brouz.* — De Malines, le 14 de mars 1522.

XXV. — 1523. — *Lettre des gens du conseil de Bresse à Madame, concernant l'amodiation de la cense de Villars et les travaux de Brou.* — Extrait.

(La cense de Villars était amodiée précédemment 3045 florins; on n'en offre que 2825. Cette dépréciation vient de ce qu'on a cessé la traite des bois qui se rendaient du comté de Bourgogne à Lyon et en Dauphiné par la rivière d'Ain, sur quoi on prenait *grand péage*.)

Madame, vostre maistre masson de Brouz, à son partement, a laissé les ordonnances qu'il entend se exequté pendant qu'il sera absent; de quoy assisterons à nostre pouvoir, et nous semble que ceste année s'est faicte un grand exploit et avancement en l'euvre de vostre esglise, etc.

A Bourg, ce xxiiiᵉ d'octobre.

Vos très humbles et très obéissans subgiects et serviteurs les gens de vos comptes y résidans.

Signé CHARRAT.

XXVI. — 1524. — *Lettre de frère Loys Gleyrems, datée de Brou, qui informe Madame du manque d'argent pour solder les ouvriers de l'édifice.* — Extrait.

Notre très redoubtée dame et mère très benigne, Dieu vous doint bonne vie et longue.

Vous plaise sçavoir que puis Pasques ença, n'ay eu aucune response de point de lestres que je ay escripte à vostre Excellence, dont me pardonnerés si en ceste suis prolixte; vray est que vous ay escript de l'estat de vostre édifice, vous suppliant de vouloir fère suppler argent, se devant la fin de l'année il nous failloit; ce qu'est advenu ainsi que tousjours; me doubtois tellement, que je doubte que n'aurons pas assez d'argent, samedi qui vient, pour payer la sepmaine aux ouvriers et pour nous rompre nostre hastellier, et que l'œuvre ne cesse, qu'est à présent en fort bon train, dont grant domaige s'en en suyvroit s'il estoit fors l'interrompre; à ceste cause avons eu recours à messieurs de vostre conseil qui se sont, pour ce, assembléz sur l'œuvre, afin de nous donner quelque bon moien à ce quelle ne cesse, lesquelz messieurs du conseil ont dit ne sçavoir autre remède, sinon d'emprunter ung mille florins du commis de vostre trésorier estant à present en Faucigny, envers lequel jusqu'au retour, se sont offert de financer pour la dicte somme, pour l'amour et honneur de vostre Excellence, pour éviter le domaige qui sensuyvroit si vostre édifice cessoit, qui est si magnifique, que chacun que le voit s'en émerveille; et fait fort bon avoir l'avancement de ceste année duquel ne vous escripz particulièrement de pièce en pièce que l'on y a faict pour non fastidier vostre Excellence, car aussi maistre Loys le vous récitera mieulx que je ne saurois escripre. Nostre très redoubtée, je vous supplie que vostre bon plaisir soit mander et commander que je rende mes comptes de vos desniers, afin que vous et chacun sceut que ne vouldroit fère faulte d'ung moindre desnier, mais m'employer de tout mon pouvoir à vous fère service aggréable, sans espargner ma personne en paine ne en traval, ainsi que j'ay faict jusques yci, dans et dehors, en allant soliciter les matières et estauffes, à quoy fère nay eu ayde de personne que de maistre Loys qui a employé sa personne et ses chevaulx à ce fère pour avancer tousjours vostre œuvre, pour laquelle entretenir nous sommes mis en grans dangiers, ceste année, pour la peste qui a esté non seulement en la ville, aussi en la plus grant partie des maisons qui sont à l'entour de vostre couvent et jusques aux portes d'icelluy, et que plus est ung des serviteurs de maistre Loys en est mort et quatre aultres ont eu la peste. Nostre très redoubtée dame, je prie Nostre Seigneur qu'il vous doint tousjours sa saincte grace et longue vie et santé d'ame et de corps, me recommandant très-humblement à vostre benigne grace.

Escript en vostre couvent de Brou, le xxiiij^e jour d'octobre mil v^cxxiiij^o par vostre humble orateur et serviteur, des augustins le moindre.

Signé frère LOYS DE GLEYBEMS.

XXVII. — 1524. — *Lettre de Marguerite d'Autriche au trésorier Vionnet, concernant les travaux de Brou.*

Marguerite, archiducesse d'Austrice, ducesse et contesse de Bourgoigne, douagière de Savoye, etc.

Très chier bien aimé et féal, frère Loys de Glerems, vicaire de nostre couvent de Brouz, nous a escript et fait dire que il a faict, ceste année, si grosse provision de estoffes pour l'édifice de nostre dict couvent, qu'il n'a plus de desniers pour fournir aux ouvraiges d'icelluy couvent que pour le présent mois, et que se il n'a plus ample provision de desniers, les ouvriers seront contraincts, après le dict mois, eulx en aller, et seroyent en ce cas difficiles à recouvrer, joinct que le dict édifice en seroit fort retardé, vous requérant luy faire délivrer quelque somme de desniers pour y furnir les aultres deux mois en suyvant, oultre l'ordinaire de ceste présente année, ou luy faire avancer sur la prochaine. Pourquoy, et que desirons l'avancement du dict édifice, voulons et vous ordonnons expressément que vous furnissiez au dict frère Loys, ce que sera de besoing, pour les dicts ouvraiges, pour la reste de cette dicte présente année, jusques à deux ou trois mille florins de Savoye, sur les desniers de l'année prouchaine, et sitost que la dicte année prouchaine sera entrée, vous ferons envoyer descharge de toute la somme ordonnée pour icelle année, ce que ne se peut présentement bonnement fère, à cause que nostre trésorier Marnix est malade, et ne faictes en ce faulte, car tel est nostre plaisir. Très chier et féal, Dieu vous tiengne en sa garde.

Escript à Bruxelles, le second jour d'octobre xvᶜxxiiij.

(Cette lettre paraissant être la réponse à la précédente, il semble qu'il y a transposition dans les dates; cependant cette transposition n'existe pas, et l'on doit croire que déjà le père Gleyrems s'était adressé à sa souveraine, avant le 2 octobre, pour obtenir de l'argent d'elle.)

XXVIII. — 1527. — *Don fait aux religieux de Brou, par Marguerite, de tous les biens meubles et immeubles qui luy sont eschus par le trespaz de Nysus de Turin, jadis templier de Villars, de l'ordre de Saint-Jean de Jérusalem, en son vivant, son homme taillable de main morte et sans condition.* — A Malines, le 3ᵉ jour de septembre de l'an de grâce 1527.

DOCUMENTS SUR LA BRESSE.

1503 A 1527.

I. — 1503. — *Promesse d'un office de grant chastellain de St-Tryviers, Baugé, Vaulx, ou Chastillon-sur-Dombes, au Conseiller et maistre d'ostel messire Pierre Carançon.* — Datée de Chambéry le 29 de septembre 1503, et signée par Philibert et Marguerite.

II. — 1505. — *Instructions du duc Charles à ses très chiers, bien amez et féaulx conseilers et chambelans, les sieurs de Montanay, gouverneur de Breisse, et de Monbazon, de ce qu'ilz auront à dire, de sa part, à MM. les ambassadeurs de Bourgoigne au Pont-d'Yns, pardevant madame Marguerite sa sœur, s'il est de besoing.* — Extrait. — V. les pièces XI, XIII, XV, XXXVI et LXI.

..... Qu'elle peut députer et constituer chastellains, curiaulx et officiers sur ses revenus, etc.

Que s'il advenoit la dicte dame, pour l'advenir, soy remarier ou s'en aller loin du païs, en ce cas les dict trois païs de Bresse, Vuaud et Faucigny, reviendront au dict seigneur sans aucune diminucion.

..... Touchant les baghes et joyaulx qu'elle a reçus de feu monseigneur le duc Philibert, qu'ils sont de ceste maison (de Savoye) et nullement se peuvent alliéner d'icelle..... bien entendu que mon dict seigneur l'espère estre si raisonnable que de les rendre....

Donné a Chambéry le xiiᵉ jour de juillet xvᶜ v.

Signé CHARLES.

III. — 1505. — *Autorisation donnée, à Bourg, par Marguerite, le 1ᵉʳ avril 1505, de délivrer seize piedz de chaîne à prendre dans sa forest du Revermont, à Loys Chanel, prêtre de Marboz, pour maisonner.*

IV. — 1506. — *Donation d'une grange à la ville de Bourg par Marguerite, pour construire la maison commune.* — Lettre datée du Pont-Dayns du 11 mars 1506 (?).

V. — 1506. — *Ordonnances de police faites par Marguerite et son conseil pour le réglement des vuivres et hosteliers de la ville de Bourg en Bresse, du 4 juin 1506.* — Extrait.

Et premièrement a esté ordonné que nul revendeur ou revenderesse ne doys, le jour de marché, sortir hors la ville et aller au devant de ceulx qui apportent les dicts vuivres, ny acheter les dicts vuivres avant l'heure de midy, sous paine de perdicion ce que se trouvera acheté et de LX solz par ung chacun et une chacune fois.

Item, que tous hostes et hostesses ne doyvent prandre ny exiger, par jour et nuit, par homme et cheval, que sept solz monnaie de Savoye, assavoir trois solz pour la dyner et quatre solz de monnaie pour la souper, et ce sur paine de X livres de francs par ung chacun et une chacune fois.

Item, que les chastellains et sindicques de ceste ville de Bourg doivent aller visiter le pain des bolangers, assavoir chacune sepmaine deux fois. Et celluy quilz ne trouveront apprestè duement, de poids raisonnable et marquè, ilz prandront pour confisquer et le doneront, pour Dieu, aux hospitaux et ailleurs où bon leur semblera....

VI. — 1506. — *Traictié de mariage de noble homme Benoit Champion, sieur de Chesaulx et damoiselle Marguerite de Blaesfel, fille d'honneur de madame Marguerite d'Austriche et de Bourgoingne, à laquelle damoiselle la dicte dame constitue en dot et mariage la somme de quatre mille francs, à raison de vingt solz par franc, monnàye de Savoye.* — Fait à Bourg, le 19 de juillet 1506.

VII. — 1506. — *Douaire de Marguerite d'Autriche.* — *Mémoire pour faire valoir ses biens de Bresse et de Vaux, reçus en douaire.*

(Elle remplace tous ses chàtelains par trois ou quatre recèveurs qui feront leurs comptes eux-mêmes en françois. — Les fermages commenceront le 1ᵉʳ octobre et finiront le dernier jour de septembre. — Elle établit à Bourg, comme au *pays de Vaux et autres seigneuries*, un grenier où seront amenés tous les grains dépendant des recettes.)

VIII. — 1506. — *Amodiation des revenus de la chastellenie de Bourg en Bresse.*

IX. — 1507. — *La value et les charges du pays de Bresse.*

(On voit dans cette pièce que deux *ferrailleries* et quatre
clefs pour le *chasteau* de Miribel coûtèrent . . . . .   i fl.
Que les *gaiges* du bourreau de Bourg étaient de . .   xii fl.
Qu'en outre, Bourg dépensait pour *exécucions des mal-
facteurs* . . . .   xliiii fl. iiii g.
Saint-Trivier . . . .   »   »
Pont-de-Vaux . . . .   iii fl.
*Pont-de-Veysle, Jaseron et Sayseria, Treffort, Pont-
d'Ayns, Montisdiderii* . . . .   »   »
Miribel. . . . .   xi fl. ii g.
Montluel . . . .   iiii fl. viii g.
Baugé, Chastellion de Dombe et Villars . . . . .   »   »
Que *Baugé* dépensait pour le marché des chevaux . .   xv fl. vii g.
Et Bourg, pour les feux de joie faicts aux Lices pour les
joyeuses nouvelles de la veuve du roi de Castille en Espagne   xvii fl. vi g.)

X. — 1507. — *Lettre des maistre et recepveurs de la chambre des comptes de Bourg à Marguerite, concernant le Sr de Recour, qui se plaignait de ce qu'on ne voulait pas arrêter et clore son compte.*

XI. — 1507. — *Lettre de Charles, duc de Savoye, à Madame, concernant son douaire et ses baghes.* — Extrait. — V. les pièces II, XIII, XV, XXXVI et LXI.

Madame, je me recommande humblement à vostre bonne grâce... Vous me
trouverez tousjours autant prest et deslibéré à vous fayre playsir et service,
que personne venant... En tant qu'il touche mes baghes, je vous prie, suyvant
ce dont par cy devant vous ay faict prier et requérir de ma part, que me
vouliez fayre ce plaisir que de les me restituer... et me faire savoir, se chose
vous plaist, que je puysse, pour le faire de très bon cœur, aydant Nostre
Seigneur, auquel je prie que vous doint, madame, bonne vie et longue.

XII. — 1507. — *Extrait des lestres patentes par lesquelles Maximilien, roy des Romains, toujours auguste, et Charles, archiduc d'Autriche, continuent Mercurin Gatinaire, président de Bresse, dans l'office de conseiller pour vacquer aux affaires des Pays-Bas avec madame la duchesse douairière de Savoye, aux gaiges de 560 écus par an, à Hanspueren, le 22 décembre 1507.*

XIII. — 1507. — *Lettre de Charles, duc de Savoye, à Madame, concernant son douaire.* — Extrait. — V. les pièces II, XI, XV, XXXVI et LXI.

Madame ma sœur, je me recommande humblement à vostre bonne grâce:
j'escript au gouverneur de Breisse pour vous dire aulcune chose de ma part
qui est de grant importance et me touche bien fort et vous aussi en partie;
sy vous prie le croyré comme moy mesme... et vous me trouverez tousjours
vostre bon et humble frère, duquel et de tous mes biens pouvez autant dis-

posés que de personne venant, ce aidant Nostre Seigneur auquel je prie que vous doint, madame ma sœur, bonne vie et longue.

Escript Annessy, le III° jour d'aoust.

Vostre humble frère,

Signé CHARLES.

XIV. — 1508. — *Lettre du trésorier Vionet, écrite de Bourg le 30 juin (1508?), concernant les receptes des chastellenies de* Vuaulx *et de Bresse.*

XV. — 1508. — *Instructions de Charles de Savoye à son chier bien amé, féal, conseiller et chambellan, le Sr de Montjouan, de ce qu'il aura affère par devers ma dame sa sœur.* — Extrait. — V. les pièces II, XI, XIII, XXXVI et LXI.

Plus dira que, ensuyvant ce que luy avons escript par Savoye, lui prions si voloir contenter noz randre noz bagues au moyen des seulheurtéz que luy donnerons, à Lyon ou ailleurs, comme lui plaira, d'estre payés de la principale somme de XL^m francs en deux ans.

Plus aussi touchant Villars et Gordans, lui plaise voloir se contenter, les nous remectre affin de pouvoir agir contre le bastard (1) et nous donnerons bons plaiges et seulheurtés ou contentement de ma dicte dame de luy rendre les dictes pièces, la sentence estre donnée, et, sur ce pendant, de luy faire payer toutes les années autant que vault le revenu des dictes pièces. De recompensé, en places, nous ne le pouvons fère pour ce que Madame tient toutes les aultres circonvoisines; toutefois, l'affere ma dicte dame ma sœur sera autant asseuré au moyen de la dicte seulheurté que de la récompense et nous fera ung grant bien et plaisir.

Plus, touchant nostre sœur bastarde (2), dira qu'avons de bons partiz pour les mains, pour la marier à nostre grand adventaige... et, s'il luy plaict, la marier de là, son bon plaisir soit faict, pour veu que soyons quictes du tout et de toutes choses, car nous avons déjà assez d'aultres charges.

XVI. — 1508. — *Les remeurvances des comptes dehus de l'an mil cinq cent huit à nostre redoubtée dame.*

XVII. — 1509. — *La value, les charges et pensions du pays de Bresse de l'année mil cinq cent neuf.*

XVIII. — 1509. — *Don de 450 florins à Loys Vionnet, trésorier de Bresse, pour récompenser ses services.*

XIX. — 1509. — *Lettre de Laurent de Gorrevod, annonçant son mariage avec madame de Gerbe, à maistre Barangier.* — Extrait.

Monsieur le maistre, je ne veulx pas oblier de vous dire comment madame de Varax et monseigneur de Mornais se sont mys a traicté le mariage de

---

(1) Ce bâtard était René de Savoie, son frère, depuis légitimé, comte de Villars, seigneur d'Apremont, de Gordans, de Saint-Julien, de Virieux-le-Grand, etc.

(2) Jeanne de Savoie, sa sœur, dame de Montdidier en Bresse, qui épousa Jean Grimaldi, prince de Monaco.   (*Notes de M. Dufay.*)

madame de Gerbe et de moy; et de la conclusion que se fera en advertiray madame et vous. Je croys bien que je y en n'eschapperay pas sans entre prins.

Bourg, le vii° jour de juillet xv° et neuf.

Signé LAURENT DE GORREVOD.

XX. — 1509. — *Lettre de Laurent de Gorrevod, gouverneur de Bresse, écrite à maistre Barangier pour lui confirmer la nouvelle de son mariage et le passage de 8,000 hommes d'armes revenant de l'armée de Milan.* — Extrait.

Monsieur le maistre, je me recommande à vous tant de bon cœur que fere se peut. Monsʳ le maistre, vous seauté bien que les gens qui se marient sont bien empesché et pour ce que je suys de ce nombre, je vous laysse panser comment y m'en va. Des nouvelles de par deçà, je vous advertys que je suys bien empesché; avons donné ordre au passage de sept ou de huit mille hommes de pied qui reviennent de l'armée du roy, et tous désire de passer par Bresse et s'en viennent la pluspart sur la frontière du Dauphiné jusqu'au port d'Anton, ou au port de Joy, et au port de Loyettes; touteffois j'ai faict si bonne diligence d'envoyer au devant d'eulx, de tous costés, des gentils hommes qui leur ont faict les remonstrances nécessaires de si bonne sorte que pour l'honneur de madame, qu'y n'en a point encoures passé par Bressé. Il en a encores une grosse bande derrière; nous ferons le mieulx que nous pourrons pour guarder que ne soient nos hostes, cart y faict tous les maulx du monde par là où y passe...

XXI. — 1509. — *Lettre du duc de Savoye au comte de Montrevel pour demander de ses nouvelles.*

Très chier, bien amé cousin, féal conseiller et chambellan, pource que pieça ne nous avés poinct escript de voz nouvelles, vous nous feriés playsir, par ce porteur, nous en advertir. Et s'il y avoit quelque chose de par deçà dont feussiéz enuyé, vous en fyneriés pour disant à Dieu, très chier et bien amé cousin, féal conseiller et chambellan, qu'il vous ait en sa saincte garde.

Escript à Chambéry, le xix° jour de décembre xv° et ix.

Signé CHARLES.

XXII. — 1510. — *Lettre du conseiller Buffet, qui témoigne en faveur du trésorier Louis Vionnet.*

XXIII. — 1510. — *Dépenses faictes par Vionnet, despuis le premier jour de janvyer, anno XVᵉ et dix prins à la Nativité, jusques au dernyer jour du mois de décembre en suyvant au dict an, pour les gaiges et pensions ordinayres au dict an.*

(On voit dans ce compte que le trésorier était le mieux rétribué; ses *gaiges* étaient de 500 florins, tandis que ceux du bailli et du lieutenant, du *vis président*, étaient de 2 à 300 florins. On donnait de 50 à 100 florins aux procureurs et avocats, et 200 à la nourrice de feu monsg. le duc *Philibert*, *que Dieu absolve*)

XXIV. — 1510. — *Lettre de Claude Grilliet à Loys Barangier, pour l'engager à revenir en Bresse.* — Extrait.

Mon amys, je me recommande bien humblement à vostre bonne grâce ; j'ay reçu vostre lettre et de vos nouvelles par Mongey, et suys bien joyeulx de ce que m'escripvez que estes sain et en bon poinct. Touteffois, vous m'escripvez que le temps ne me dure point de vostre longue demeure ; de quoy il m'est chose impossible, mesme pénible, que vous alongés toujours à vostre terme ; voir il se dict de par deça que ne viendrez jusques au retour de ma dame la tresourière, lequel ne doit estre comme l'on dict jusque à caresme prochain....

Vostre fille se porte bien, la Dieu grâce, et commence desja fort à jargonner, et si elle scavoit parler, elle vous remercieroit le gobelet que lui avéz faict fere, et les chausses que luy apporterés. Touchant le boyre que vous escripvez que l'on ne luy baille point à boyre sans quelle mange quelque viande, que de les aussy ne ferons nous. Ma mère et moy avons désir avoir quelques bonnes ostades (couvertures) pour fere des oettes, si vous en apporterés se n'etes trop chargé, autant prieray Nostre Seigneur, mon amys, vous donne bonne santé et longue vie.

Escript de Bourg, le xᵉ d'aoust 1510.

XXV. — 1511. — *Lettre de Jean Lemaire à maistre Barangier, premier secrétaire de Madame, pour détruire les bruits répandus sur son compte, concernant la publication de quelque écrit contre Marguerite d'Autriche.*

Nostre trés honouré seigneur, humblement à vostre bonne grâce me recommande. Ce jourdhuy dymanche xxviiiᵉ de mars, jay receu voz lestres par les mains du secrétaire Jehan Veau, desquelles je vous mercye de tout mon cueur, c'est assavoir de l'advertissement et aussy de l'excuse.

Monsieur, touchant ce qu'il vous playst m'advertir de ce qu'il a esté rapporté à Madame que j'ay deu avoir escript quelque chose contre elle, et que, à Paris, l'on le trouve publiquement par escript ; de ce je ne suys guères esbahy, car ce n'est pas la première coquille que on m'a dressée devers son excellence. Sur le poinct que j'ai reçu voz dictes lestres, je les ay montrées à M. le controsleur, maistre Jehan de Paris, lequel, en riant, a respondu ung mot vrayment philosophal, c'est assavoir que quant chiens ne peuvent mordre ilz se saoulent à aboyer. Je remercye en toute humilité Madame, de ce que vous m'escripvez qu'elle n'adjoute nulle foy à mes détracteurs, laquelle chose procède de sa très noble et très benigne nature.

A la mesme heure que j'ay reçeu vostre lestre, je déliberays lui escripre des marchiés convenuz entre maistre Jehan de Paris, et lui Michiel Coulombe, entre lesquels j'ay esté moyenneur et solliciteur ; mais veu vostre lestre, je m'en suys déporté, craignant d'offenser ma dicte dame, et quelle ne print pas bien en grâce noz lestres. Le dict Jehan de Paris, luy escript au long de ses affaires de Brou.

Si jay offensé Madame en faisant imprimer quelque chose à Paris, ce a esté en cecy, c'est assavoir que j'ay faict imprimer à grand requeste de plusieurs nobles hommes de France et de Picardie, *nos illustrations de Gaule* et singularités de ce roi, lesquelles ont premièrement estéz imprimées à Lyon, soubz le nom, le titre et les armes de Madame, et ne les ay point volu bailler au dict imprimeur de Paris, synon soubz tel condicion les armes de Madame y seroient, pour ce que le livre estoit dédié à elle. Si j'ay mespris en faysant ce, je n'en demande point de mercy, car je ne l'ay pas

2

cuidre faire pour moy ; et si en ay eu ung bon pot de vin, depuys les ditz imprimeurs m'ont requis devant les conciles et la légende des Véniliens, lesquelz je les ay peu imprimer, car tout est à l'honneur de Madame. Et en ont desjà bien faict en tout *six mille volumes* qui sont promulguéz par tout le monde. Voilà tout ce que je pense avoir mefaict à Madame.

Comment que l'en soit, je vous prye et requière estre recommandé en toute humilité à l'excellence de Madame, comme son poure serviteur que j'ay esté, ce que je ne s aurois jamays escripre dans l'advenir, car tant ma fortune en son service que je ne says comment je suys peu eschapper.

Blois, le xxviiie jour de mars, xv^c xi.

Vostre très humble serviteur et ami,

Signé LEMAIRE, indiciaire.

XXVI. — 1511. — *Lettre de Claude Combet, docteur en droit, lieutenant de justice à Bourg, justifiant sa conduite dans l'exercice de ses fonctions. —* Extrait.

Ma très redoubtée et très honorée dame, tant et si très humblement que fere puys, je me recommande à vostre bonne grâce.

Madame, touchant la justice, je mest acquitté en la crainte de Dieu et de vous, et charité des subgectz, le myeulx que je scay;.... et si je faillis en quelque chose, ce sera sans malice.... Et n'est pas l'assise pour émolument avoyr, mais principalement pour mectre et entretenir ès paysans en la crainte et amour de Dieu et de vous, et de la justice et de vos officiers, et de vivre entr'eux en paix, en amour et en charité, et bonne patience l'ung de l'aultre. Et ceulx qu'il ainsi ne se veullent deporter est bien raison qu'ilz soyent jugéz à quelque amende pour estre chastiés. Et aussy est bien raisonnable que ceulx qui viennent demander mercy de cest à quoy ils sont condamnéz, que jeur humilité soyt acceptée et l'amende soyt abessée....

XXVII. — 1511. — *Lettre d'avis des gens du conseil de Bresse qui informent Marguerite de la ferme du greffe de Bourg.*

(Leguat en a offert 1,600 florins, Jehan Verdet 1650, Calixte Forcrand et Benoît Mochet, 1,800.)

XXVIII. — 1512. — *Requête à Madame concernant le péage de Miribel.*

(Jehan Chambre, bourgeois de la ville de Miribel, requiert la résiliation de sa ferme du péage, attendu le nouvel édit qui défend de mener hors du pays de Bresse *auleuns blés et autres quelconques grains*, ce qui lui est à grand dommage.)

XXIX. — 1513. — *Délibération du conseil de Bresse concernant l'entretien des châteaux du douaire de Marguerite, signée par Thomas Bergier et Claude Guiot.*

XXX. — 1513. — *Ordre de Marguerite à Antoine Glannet, commis à la trésorerie de Dôle, de transporter le montant de ses recettes à Montluel, pour le lui faire parvenir par Pauchiati. —* Juillet 1513.

XXXI. — 1513. — *Lettre de Loys Vionet, trésorier de Bresse, qui rend compte à Madame de la remise qu'il a faite à Pauchiati, de Lyon, de 1033 écuz d'or au soleil, provenant de sa recette.*

XXXII. — 1513. — *Nouvel ordre de Marguerite à Antoine Glannet, de venir, sans plus de délai, lui apporter les fonds de la recette de Dôle, ce qu'il n'avait pas encore fait* à cause des dangiers que sont présentement au pays pour les voleurs. — Novembre 1513.

XXXIII. — 1513. — *Traictié passé entre Madame, Philibert Guigonard, son panetier, et Jehan de Marnix, son secrétaire, pour terminer le différend existant à l'occasion de la vacance de l'office de la chastellenie de Châtillon-les-Dombes.*

(Cet office avait été promis à Guigonard et à Marnix. Marnix le cède à Guigonard moyennant la moitié de la ferme, et Madame promet à Marnix le premier office vacant en Bresse ou Faucigny.)

XXXIV. — 1513. — *Marguerite ordonne de payer à son amé et féal cousin et chevalier le comte de Montrevel, une somme de* 201 *livres et demie de 40 gros, monnaie de Flandre, pour achat d'une robe de fin velours cramoisy.*

XXXV. — 1514. — *Marguerite ordonne de payer à sa très-chière* et très-amée cousine et dame d'honneur *la comtesse de Montrevel, une pension viagère de* cinq cens francs, monnoye courante au conté de Bourgoigne, *pour la récompenser de ses bons services.*

XXXVI. — 1514. — *Réponses de Madame au seigneur de Montjouen, concernant les affaires de son douaire, et lettre adressée au duc Charles de Savoie.* — De Bruxelles, octobre 1514. — Extraits. — V. les pièces II, XI, XIII, XV et LXI.

Et premièrement quant au bailliage de Vuaulx, ma dite dame en a pourveu le sieur de Viry, à la requeste de l'empereur son seigneur et père. Et luy en a fait expédier ses lectres en tel cas, lesquelles elle desire sortir effect. Et prie monseigneur de Savoye, son beau frère, laisser le dit sieur de Viry joyr du don à lui faict par ma dite dame du dit office de bailly, actendu que par son traicté elle la peu et peut constituer et tous autres officiers ès terres de son douaire....

Quant à la seigneurie de Surepierre, ma dicte dame a trouvé bien estrange que mon dict seigneur de Savoye l'ait depossessé et mise hors de la dicte seigneurie, sans premier veoir et entendre le droit que ma dicte dame y prétend. et prie mon dit seigneur la remectre en la possession et joyssance de la dicte seigneurie de Surepierre, comme elle a esté cy pardevant....

Touchant les grains qui ont été prins et levéz par ordonnance de mon dict seigneur au dict pays de Vuaulx, et desquelz il dit fera païer le trésorier de ma dicte dame, lui fera plesir de ce faire, actendu les grosses charges que ma dicte dame a supportées, tant pour l'ediffice qu'elle faict faire presentement à Brou, que aultres affaires, et escripra à son dict trésorier soy tirer devers mon dit seigneur....

Du mariage de ma demoiselle la bastarde, ma dicte dame a bien voulu fere adverty mon dict seigneur de Savoye par le dict sieur de Baleyson, afin que, dès à présent, il se voulsit acquicter envers la dicte demoiselle, sa sœur, et lui faire quelque bien, selon que par équité et raison il est tenu, considéré l'estat et qualité du personnaige de celluy à cuy ma dicte dame la donnée, qui est aliée à tous les plus grans prince d'Allemaigne et aultres princes, et ne scet ma dicte dame nulz subgiect à mon dict seigneur de Savoye en ses pays, de telle estoffe ne que lui peust plus faire de service que feroit le dit personnaige.

Quant aux devises que le dict sieur de Baleyson dit avoir eues avec ma dicte dame, touchant les baghes, ne scet quelle chose il en peult avoir dict ou rapporté. Bien est vrai que, quant mon dit seigneur vouldra retirer de ma dicte dame les baghes qu'elle peut avoir rière elle, lui paiant quarante mil francs, en quoy il lui est tenu de restitucion, et la faisant paier du deu des deniers de son mariaige, ma dicte dame lui rendra volontiers les dites baghes, et lui viendroient et fussent venuz plus de proffit ses deniers que les dites baghes, et comme autreffois elle a faict dire et declarer à mon dict seigneur de Savoye.

Et quant à ce que mon dict seigneur de Savoye a fait prié et requerir ma dicte dame par le dict gouverneur de Bresse, se vouloir deporter de Villars et Gourdans, ma dicte dame vouldroit bien, en toutes choses où elle pourroit, bonnement complaire à mon dict seigneur de Savoye, son bon frère, lequel autreffois a fait parler de ceste matière, et lui a fait, madame, response à laquelle elle s'arreste, savoir : que mon dit seigneur scet bien que les dits Villars et Gourdans lui furent baillez et transportéz avec les conté de Bresse, pays de Vaulx et Faucigny, pour son douaire de douze mille escus d'or par an, à sa vie, et combien que les dits pays des dits Villars et Gourdans n'aient jamais baillé, à beaucoup près, les dits xij ^{m} escuz d'or, et que ma dicte dame eut pu prendre par ainsi le surplus en autres terres et seigneuries ; néantmoins, ma dicte dame s'est demonstrée bonne sœur de mon dict seigneur de Savoye... Et si le bastard sest contenté, jusques à cy, de la récompense que mon dict seigneur de Savoye dit lui baillier par an, par le gabellier de Nyce, pour ce qu'il pretend sur les dits Villars et Gourdans, encoires s'en pourra il contenter pour l'advenir, car ma dite dame treuve qu'elle ne doit en rien contrevenir au traicté qui fut faict et passé par devant l'empereur, son père, et depuis juré et confirmé par mon dict seigneur de Savoye.

XXXVII. '— 1514. — *Réponse de madame à René de Savoie, sur sa demande de la résignation de ses droits sur le Faucigny, en échange du pays de Baugeois.*

(Elle répond qu'elle ne veut rien innover au traité passé pour son douaire par-devant l'empereur, monseigneur son père, et qu'en toute autre chose où elle pourra lui complaire, elle le fera volontiers.)

XXXVIII. — 1515. — *Ordonnances et restrinctions faictes, advisées et conclutes par ma très redoubtée dame madame l'archiduchesse d'Austrice, duchesse et contesse de Bourgoigne, douaigière de Savoye, et par l'advis et délibération des seigneurs de son conseil, estans lez elle, en et sur le faict et conduite de ses domaine, finances, despense ordinaire et extraordinaire de son hostel; lesquelles ordonnances et restrinctions ma dicte dame vueult dorenavant estre gardées, entretenues et observées inviolablement et sans infraction, en cassant et annulant toutes aultres charges et commissions touchant le gouvernement et conduite des dites finances, despense ordinaire et extraordinaire faictes ou données auparavant ces présentes.*

(Elle nomme le gouverneur, le trésorier et les secrétaires de ses finances. Ils auront chacun une clef du coffre qu'elle ordonne de faire pour la sûreté de ses papiers, registres et mémoires. Lorsqu'ils seront assemblés, nul ne pourra aller en la chambre que M. le comte de Montrevel, son chevalier d'honneur. Ils devront restreindre les officiers et les damoiselles *pour faire venir à son profit tous les deniers à moindre charge et frais que possible sera.* — Les comptes de tous officiers des recettes devront se faire chaque année. Le recouvrement des deniers ne devra jamais être arriéré de plus de six mois. — Les *gaiges* de ses officiers seront payés au commencement de chaque année. — Le trésorier ordonnancera toutes dépenses extraordinaires excédant XL florins, telles que *voyaiges, messaigiers, ambassades, achats de draps d'or, de soye, de laine, tapisseries, linges, bagues, joyaulx, vesselles, fourraiges, escuyeries, menuz dons et récompenses et autres grosses menues parties.* — L'achat des draps de soie et de laine pour l'habillement de ses dames, damoiselles, écuyers, pages et laquais, se fera au mois de mai pour l'été et au mois de septembre pour l'hiver. — Les dons qu'elle fera dorénavant à ses officiers, dames et damoiselles, ne s'élèveront pas à plus de 200 livres par mois, et les dots de mariage de ses filles d'honneur se paieront en quatre années. — On tiendra en son *hostel un registre en grant volume de toutes les lectres patentes, closes, provisions, commissions, collations de bénéfices et aultres choses d'importance,* afin qu'elle ait clère cognaissance des graces et octrois qu'elle a faits ou consentiz. — Ceux qui transgresseront les présentes ordonnances seront suspendus de *leurs estats ou offices pour l'espace de 3 ans, et aultrement pugnis et corrigéz au bon plaisir de madame.*)

XXXIX. — 1516. — *Nouvelles ordonnances que Madame entend estre doresnavant entretenues et adjoustés aux aultres ordonnances de sa maison, afin que le tout soit bien conduyt à la raison, à l'honneur d'icelle et de son conseil, et proufit d'elle et de ses subjets.*

(Dispositions minutieures pour *la despéche des mandemens patens, lettres missives et autres matières.* — *Son privé conseil* se réunira deux fois la semaine, les lundi et jeudi, à deux heures après midi. L'huissier de chambre ne bougera pas de la porte que la séance ne soit terminée. Ce qui aura été conclu audit conseil, *quant aux matières de justice,* sortira son effet, et *quant aux matières de grâce,* l'on en fera le rapport à madame. — Toutes requêtes lui seront présentées avant d'être mises en délibération. — Tous les samedis, après diner, le président fera sceller, lui présent, les *mandemens, lesquels ne seront despéchés* avant leur enregistrement. Toutefois le clef de la bolte des sceaux ne lui sera confiée que lorsque *aucung procès et affère particulière qu'il ha présentement, auront prises fin*. En attendant, celte clef restera entre les mains de madame. — Aucun mandement ne sera porté à signer à madame, qu'il ne soit préalablement noté, scellé et signé du président, dont la *signature sera en lieu que madame la puisse veoir*. Les secrétaires *escripront en vue, en deux petites lignes, au bas de la lestre, la substance d'icelle, afin que madame puisse en veoir et entendre l'effect et substance, avant de la signer*. Enfin le gouverneur ou son commis fera, *après les dites lignes d'en bas, quelque signe ès lettres par lequel ma dicte dame cognoisse plus seurement qu'elle peut signer*.)

XL. — 1516 (?). — *Demande de secours formée auprès de Madame par les frères prêcheurs de sa très-noble ville de Bourg-en-Bresse, pour faire quelque édifice dans leur couvent.*

XLI. — 1517. — *Ordre de payement de 30 ducas d'or au profit de Jehan Lalemand, secrétaire de Madame, en récompense de ses services.*

XLII. — 1517. — *Ordre de payement de 80 écus d'or au soleil, au profit de Louis Vionnet, trésorier de Bresse, en récompense de ses services.*

XLIII. — 1517. — *Ordre de payement de 30 écus d'or à André Grilliet, pour récompense de ses services à la chambre des comptes.*

XLIV. — 1518 (?). — *Lettre des religieux du couvent de Pont-de-Vaux pour demander des secours à Marguerite.*

(*Le covent de Pons de Vuaulx est en guant pauvreté pour avoir acheté beaucopt du vin pour cela qu'il y en ha bien peu heu l'année passée*; plusieurs sont mal habillés et ne savent *de quoy acheter un peu de drap*. — Au bas de la pièce, on lit: *cent florins de Savoye*. **MARGUERITE**.)

XLV. — 1519. — *Ordre de payement, délivré par Madame, au profit de l'auditeur Bon Badel, d'une somme de 275 florins, par aulcunes causes à ce nous mouvans, dont ne voulons, icy ne ailleurs, aulcune déclaration estre faict.*

XLVI. — 1519. — *Ordonnance de payement, délivrée par Madame au profit de Bartholomey de Vendain, maistre d'ostel du gouverneur de Bresse, de la somme de 60 escuz d'or, pour le récompenser des ambassades faites de la part de Madame, tant en Angleterre qu'ailleurs.*

XLVII. — 1521. — *Ordre de Marguerite de payer aux sœurs de saincte Clère de la ville de Bourg, 100 florins, à titre de don et en aulmosne.*

XLVIII. — 1522. — *Ordre de Marguerite à ses gens de son conseil et chambre des comptes à Bourg, pour laisser à Gillebert de Varax, seigneur de Berrouyères, la jouissance d'un bois dépendant de son office de capitaine du Pont d'Ayns.*

XLIX. — 1523. — *Demande faite par Charles de Savoie, à Madame, d'un office de chastellain de Pont-de-Veyle pour Burgé, honeste et vertueulx gentilhomme qui a longuement servi feue sa sœur que Dieu absoilve, et que lui-même a retenu dans sa maison en estat de huissier.*

L. — 1523. — *Lestre des gens du conseil de Bresse à Madame, pour l'informer du passage des gens de guerre Franceys.* — De Bourg, le dernier de septembre. — Extrait.

.... Et quant au passage des gens de guerre franceys, avons lousjours porveu au mieulx que nous a esté possible pour le solagement du pays, quoy nonobstant avant que en fussions quietes, ilz ont grandement dommagé voz poures subjietz, mesmement sur le coté de Lyon où séjournèrent longuement.

LI. — 1523. — *Lestre d'André Grilliet, maistre des comptes à Bourg, qui se plaint à Marguerite de l'avoir remplacé par Jehan Boatier dans la garde du scel de la princesse.*

LII. — 1524. — *Lestre des gens du conseil de Bresse à Madame, touchant les comptes des chastellains.*

(Ils se plaignent de ce que les châtelains et autres officiers ne font pas suffisante diligence pour le recouvrement des deniers de madame ; de ce qu'ils n'appliquent pas les peines encourues, et de ce que l'on n'aperçoit aucun exploit du clerc Jehan de la Coste.)

LIII. — 1524. — *Ordre de Marguerite de payer aux sœurs religieuses de saincte Clère, à Bourg, 100 florins, à titre de don et aulmosne. V. n° XLVII.*

LIV. — 1524. — *Lestre de Claude-de Renoyre à Madame, pour la prier de confier la chastellenie de Sainct Triviers à Claude de Salamange.*

LV. — 1524. — *Demande de réduction de ferme en faveur de Philippe Buffet, greffier de Bresse, qui n'a pu vacquer pendant la peste de Bourg.*

Nostre très redoublée dame, tant et si très humblement que faire pouvons, à vostre bonne grâce nous recommandons.

Ma dame, le vingtz et troizième jour du moys d'apvril dernier passé, à cause de la peste que se print en divers lieux par vostre cité de Bourg, et mesmement à la maison de monseigneur le grand maistre gouverneur de Bresse, en laquelle le que (cuisinier) de monseigneur print la peste, furent la plus part des gens de vostre conseil de Bresse en grand dangier et contrains se séparer de la ville loing l'ung de l'aultre, et pour ce donnèrent féries pour lespasse de vingt cinq jours. Or, ainsi est ma dame, que vostre trésorier ou son susbtitut de Bresse, veult fère payer à Phelippe Buffet, vostre greffier de Bresse, le terme des dictes féries par nous données, lequel nous a requis vous supplier très humblement quil plaise à vostre excellence avoir regard bien faire, par vostre trésorier, destrahaire les dits xxv jours, mesmement aussy qu'il a le dict office fort chier et qu'il en paye deux mille et quatre cents florins pour chacun an, comme aussi nous semble estre de raison.

Madame, vostre plaisir sera nous mander et commander voz bons plaisirs pour yceulx accomplir ainsy que sommes tenu. Aydant Nostre Seigneur, auquel prions nostre très redoubtée dame que vous doint très bonne vie et longue.

En vostre cité de Bourg, le xxiie jour de septembre.

Voz très humbles et très obeissants subjietz et serviteurs, les présid. et lieutenant et autres gens de vostre conseil en Bresse.

LVI. — **1524.** — *Rapport des gens du conseil de Bresse, qui demandent pour Gaspard Guiot, recepveur de la chambre des comptes de Bourg, lequel commence estre oppressé de vieillesse, que Madame veuille bien nommer son fils Jehan Guiot son coadjuteur. — Plaintes contre Antoine Berard, chastellain de Baugié, accusé de plusieurs abus et extorsions de desniers sur les pauvres subjietz de la dicte chastellenie.*

LVII. — **1524.** — *Demande de secours adressée à Madame par le capitaine de Bourg, à l'occasion du dévouement dont il a fait preuve pendant la peste de cette cité.*

Jllustrisime, très redoubtée et très excellente dame, tant humblement recommande à vostre excellence et très haulte seignerie, madame, ains y a qu'il . . . . à Dieu la peste s'est prinse en ceste vostre cité de Bourg et desja a régnéz ces deux . . . . . dernierement passées et depuys le moys de mars l'an mil cinq cent et vingt et . . . . . furent constituéz et ordonné capitaine de par le noble conseil de la dicte cité, pour servir . . . . aux pestiféroux, pourveoir des vuivres et y mectre bonne ordonnance . . . . que les dictz infectéz et pestiféroux ne se meslassent avec les sains, aussy . . . . conduyre ceulx que prenoient mal, les fère confesser, fayre fère les loges. . . . . champs, fayre inhumer et ensevelir les mors et pareillement ce que aucune chose . , ... perdist parmi les habitions de vostre dicte cité, car les bourgeoys et cistoyens . . . . retirer aux granges retiréz, et cy sont estéz tant suspectz que pestiféroux, plus . . . . personne, et me convenoit payer scervantz et servantes, et nourrir au nombre . . . . . . avecques les portions qui estoient aux despends et gage de la dicte vostre cité, et. . . . . ordre a esté mys à l'ayde de Dieu que la dicte peste est cessée. Et les malfaicteurs . . . . pugnis par ma diligence, et pugnis par monsieur vostre président qui chastie . . . . durant le temps qu'il sestoyt retirer, venoyt jusques aux portes de la cité . . . . . . icy dedans, ma très redoubtée dame, autant ou plus ay despendu que mes gaiges . . . . . à cause des dictz frais et despens et pour le passage des gens d'armes. . . . . passéz, et ma très redoubtée dame, jay mis mon corps et habandonné moy et nne fille que jay en dangier de mort, à servir audict office. Et pour ce que des biens de ce monde, suys pouvre, et n'ay de quoy marier ma pouvre fille. Combien que moy et elle avons vescu sans reproches, la mercy Dieu, désirant que ma dicte fille persévérast en honnesteté, pourquoy très excellente dame, recours à vous en genoulx, très humblement, vous suppliant qu'il soit de vostre bon plaisir et bénigneté, tant pour aulmone que par les services d'elle et de moy employés, et que encore de présent, faysons, employons, en la vostre dicte cité, que pour charité, vous playse marier ma dicte pouvre fille, ce qu'il vous plaira et sera de vostre bénigne volonté, par pitié et aulmone, moy eslargir, mandé à vostre trésorier qu'il me deslivre ce que vous plaira, et ce fesant, accomplirez euvre méritoire en nous soubmettant, moy et ma fille, à tousjours, mes priaires Dieu pour vostre santé, prospérité et convalescence, et sy cas advenoyt une autre foys, que Dieu me permecte que cy vostre cité eust adversité aulcune, nous employerons à tousjours fère service et prierons Dieu pour vostre illustre et noble estat.

Très excellente dame, vostre bon plaisir sera me mander et commander ce que vous plaira; pour à tousjours serays vous obéyr et vos mandemens accomplir, à layde de Dieu, qui, ma très redoubtée et très excellente dame, vous doint très longue et très bonne vie.

Escript en vostre cité de Bourg, ce xxiiij^e jour d'octobre mil cinq cens vingt quatre.

LVIII. — 1524. — *Permission de messire Jehan Eusia, recteur de l'hospital et chappelle de sainct Georges à Sainct-Triviers-de-Courtoux, en faveur de messire Michel Petit, curé du dit lieu.*

LIX. — 1525. — *Lestre de Jehan Buatier, qui rend compte des démarches qu'il a faictes, avec M. de Marnix, pour la remeuvance des comptes des chastellains; il annonce la nomination d'un nouveau membre du conseil de Bresse, le sieur de Versay.*

LX. — 1527. — *Lettre des gens du conseil de Bresse à Madame, pour l'informer des réparations qui ont été exigées par justice, contre des malfaiteurs nocturnes. —* Extrait.

Ma dame, quant aux désordres, bapteries, larecins, insolences et aultres excès qu'ont estéz faictz icy de nuyt, par le passé, l'on y a procédé par justice, mesmes contre ceulx desqueulx l'on a peu avoyr bonne preuve et indice, en tant que les ungs ont esté bampny, les aultres s'en sont fouys et les aultres, allégant tiltre de cléricature, remis par devant l'official de la court ecclésiastique, et les aultres pugnys.

Madame, ils ont été faictes quelques unes bapteries et blessures, mays il n'y a heu point que dedans peu de temps n'ayent esté guéris, et des longtemps n'a esté faict chose oultrageuse en ceste dicte vostre cité....

LXI. — 1527 (?). — *Lettre de Laurent de Gorrevod, qui informe Marguerite du préjudice que lui cause son beau-frère le duc Charles de Savoie dans ses pays de Bresse, et du peu de sûreté pour lui dans la résidence de Bourg, où les Français voudraient le prendre. —* V. au sujet du traité et du douaire, les pièces n°s II, XI, XIII, XV et XXXVI.

Ma dame, tant et si très humblement que faire puis, je me recommande à vostre bonne grace.

3

Madame, messieurs de vostre conseil de Bresse m'ont escript une lestre, laquelle je vous envoye, et aussy m'ont envoyé ung mémoire de nouvelletés que se font par mons' le duc vostre frère, au préjudice de vostre traicté, et mesmement a pourveu des offices de gruyer de voz pays de Bresse et de vis-bailly de Faucigny, ce qui ne doit ny peult faire sans contrevenir à vostre traicté. Madame, je vous envoye le tout, lequel, si vous plaist, ferez bien veoir et peser par mess" de vostre conseil, pour y pourveoir, ainsi que trouverez estre à faire par conseil, car si vous souffrez que l'on vous rompe vostre traicté ès petites choses, il est apparant que l'on fera le semblable aux aultres de plus grande importance.

Madame, si je me pouvoye seurement tenir en Bresse, je my tiendroye tousjours la moitié de l'année, et mectroye peine à y garder voz haulteurs et préhéminences, et par les meilleurs moyens que me seroient possible; mais jay esté adverty, de divers coustés, que je ne feroye pas saygement d'aller en Bresse, ny en Savoye, car les François tenoient sur moy pour me prendre, et ma l'on adverty que si je fusse allé à Bourg, à l'arbitraige que mon dict seigneur le duc de Savoye m'avoit donné pour son arbitre, pour appointcier le différent de Genesve, les François avoient formé une entreprise pour me prendre dedans Bourg, et pour ce que la dernière fois que je y fus, par vostre commandement, pour l'affaire du lieutenant de Coslie, je y feis faire guest et garde, pour ma seurté, les dicts François auroient entrepris que si je fusse allé au dict arbitraige, ilz fussent venus si puissants qu'ilz avoient deslibéré d'afforcer la ville de Bourg pour me prendre, et à ceste cause, ma dame, je ne me saurois tenir en Bresse, jusques à ce qu'il ait une paix entre l'empereur et le roy de France. Pourquoy je ne pourroye faire à présent le service en Bresse, tel que je suis tenuz et que je désire de faire, dont je vous supplie, ma dame, que vous plaise me tenir pour excusé jusques à ce qu'il y aura une paix.

Madame, je vous supplie que vous plaise me mander et commander vos bons plaisirs, et je mectroy peine d'iceulx accomplir, et vous obéir de tout mon pouvoir, aidant Dieu, auquel je prie, ma dame, vous donner très bonne vie et longue.

De Marnay, ce xvii° d'octobre.

Vostre très humble subgiect,

Signé LAURENT DE GORREVOD.

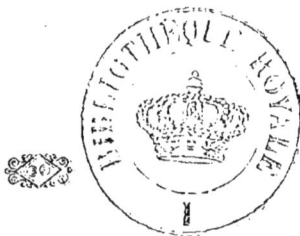

ERRATA. — Pièces justificatives.

Page 4, pièce IV, ligne 1re. — Réponse de Marguerite à son *beau-père*, lisez : son beau-frère.

Page 4, même pièce, ligne 13. — *Emprins*, lisez : entreprins.

Page 14, pièce IX, ligne 16. — *Veuve* du roi, lisez : venue du roi.

Page 15, pièce XIV, ligne 14. — Nos *bagues*, lisez : nos baghes.

Page 16, ligne 2. — Sans *entre* prins, lisez : sans *estre* prins.

TABLE.

www.ingramcontent.com/pod-product-compliance
Lightning Source LLC
Chambersburg PA
CBHW050615210326
41521CB00008B/1266